高等院校**数字艺术****精品课程**系列教材

数字媒体
技术导论

微课版

陈洁 李姗◎主编

刘静 朱君妍 田鸿泽◎副主编

人民邮电出版社

北 京

图书在版编目（CIP）数据

数字媒体技术导论 ：微课版 / 陈洁，李姗主编.
北京 ：人民邮电出版社，2024. 9. --（高等院校数字
艺术精品课程系列教材）. -- ISBN 978-7-115-64575-3

Ⅰ. TP37

中国国家版本馆 CIP 数据核字第 20244R601C 号

内 容 提 要

本书系统地介绍了数字媒体技术的基础知识、应用与发展，以及数字媒体关键技术，主要内容包括数字媒体技术概述，数字图像与计算机视觉技术，数字音频技术，数字视频技术，计算机图形学与动画技术，数字媒体压缩、存储与传输技术，融媒体技术，人机交互技术，虚拟现实技术，数字出版与数字媒体资源管理。

本书采用章节式写法，理论联系实际，讲解深入浅出，每章都设计丰富的知识栏目和课堂实训模块，且随书配有丰富的多媒体教学资源。

本书可作为高等院校数字媒体、网络与新媒体专业的教材，也可供数字媒体的相关从业人员学习和参考。

- ◆ 主　　编　陈　洁　李　姗
　　　副 主 编　刘　静　朱君妍　田鸿泽
　　　责任编辑　闫子铭
　　　责任印制　王　郁　焦志炜
- ◆ 人民邮电出版社出版发行　　　北京市丰台区成寿寺路 11 号
　　　邮编　100164　　电子邮件　315@ptpress.com.cn
　　　网址　https://www.ptpress.com.cn
　　　北京世纪恒宇印刷有限公司印刷
- ◆ 开本：787×1092　1/16
　　　印张：16　　　　　　　　　　2024 年 9 月第 1 版
　　　字数：295 千字　　　　　　　2024 年 9 月北京第 1 次印刷

定价：79.80 元

读者服务热线：(010)81055256　印装质量热线：(010)81055316
反盗版热线：(010)81055315
广告经营许可证：京东市监广登字 20170147 号

前　言

　　数字媒体产业被称为21世纪知识经济的核心产业，能够体现一个国家在信息服务、传统产业升级换代及前沿信息技术研究和集成创新方面的实力和产业水平。目前国家正大力推进数字媒体产业及其相关技术领域的发展。我国的数字媒体产业正处于蓬勃发展的时期，急需掌握数字媒体核心技术且具有较高人文素养和艺术创意能力的复合型人才。

　　为此，我们编写了本书。本书详细阐述了数字媒体学科领域的基本概念、原理和方法，旨在为读者提供一个认识和理解该学科的综合性概览，帮助读者了解该学科的前沿和热点技术、了解该学科的应用价值和社会意义、培养学习能力和创新精神、培养初步解决问题的能力，从而帮助读者更深入地学习和探究该学科的知识，并应用于科技创新。

本书特色

　　相较于一些或刻板、或枯燥、或晦涩难懂的数字媒体技术类书籍，本书具有以下特色。

　　● 启智增慧。本书全面贯彻党的二十大精神，落实立德树人根本任务，以社会主义核心价值观为引领，引导学生了解中华优秀传统文化，坚定文化自信，树立社会责任感，弘扬工匠精神，提升设计素养。

　　● 化繁为简。数字媒体技术是一种综合技术，融合了许多学科和研究领域的理论、技术与成果。本书作为入门数字媒体技术的前沿技术类图书，在介绍相关技术的概念、原理、方法等知识时，尽量化繁为简，让读者能够"读得懂"，以便读者掌握基础知识和方法，进而获得更好的学习效果。

● 图文并茂。全书使用了大量数字媒体技术应用场景的图片。图文并茂的内容形式不仅可以避免读者学习理论知识时产生枯燥感，还可以形象地展示数字媒体技术的应用领域与应用价值，使读者不仅"读得懂"，还"愿意学""看得进"。

● 形式多样。本书设计了不同的知识讲解形式，每章都配有思维导图，让读者对本章关键的知识内容一目了然；文中部分章节穿插"课堂讨论""技能练习""人才素养"等栏目，可以有效地调节学习氛围，让读者了解到更多的知识并举一反三，从而提高学习效率；涉及数字媒体软件技术的小节提供了应用案例；同时每章章末设计了课堂实训，将理论与实践联系起来，既帮助读者巩固所学知识，又锻炼读者的分析能力、培养读者的创新思维、提升读者的实践操作能力。

本书配套

为便于开展教学活动，本书配套丰富的教学资源，包括精美PPT、教学大纲、教学教案、题库练习软件（可生成试卷）、数字媒体设计素材等，有需要的读者可以访问人邮教育社区（www.ryjiaoyu.com），通过搜索本书书名进行下载。

本书由陈洁、李姗任主编，刘静、朱君妍、田鸿泽任副主编。由于编者水平有限，书中难免存在不足之处，敬请广大读者批评指正。

编者

2024年4月

目 录

09

10

01

第1章　数字媒体技术概述

数字媒体技术随着计算机技术、网络技术的发展而逐渐兴起。数字媒体技术作为一种先进的综合技术，能够客观反映社会的信息化程度，得到社会各方面的高度关注、支持和广泛应用，成为市场投资和开发的热点方向，具有广阔的发展前景。若想深入学习数字媒体技术，首先要了解数字媒体技术的基本情况。

—— **学习目标**

1　了解数字媒体的概念、分类，数字媒体技术及其特点。

2　了解数字媒体技术信息处理系统。

3　了解数字媒体的关键技术。

4　了解数字媒体技术的应用领域与产业发展。

—— **素养目标**

1　深入了解数字媒体技术，以及我国数字媒体技术的应用与发展，增强行业发展信心。

2　重视数字媒体技术，主动学习相关知识。

3　以行业标准和社会需求为导向，培养良好的道德修养和社会责任感。

—— **思维导图**

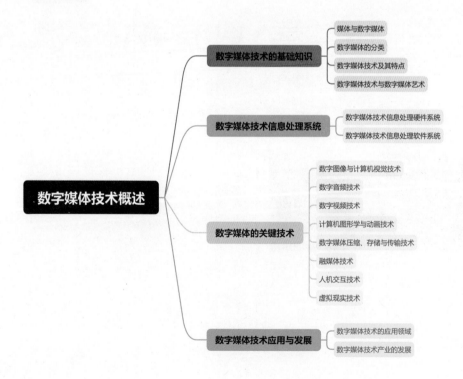

1.1 数字媒体技术的基础知识

近年来，随着计算机技术、网络技术、移动通信技术与文化、艺术、商业等领域的深度融合，互联网、移动网络已成为媒体信息的主流传播渠道。互联网和以手机为代表的移动网络媒体被称为继报纸、广播、电视之后的"第四媒体"和"第五媒体"，这标志着人类进入了数字媒体时代。数字媒体技术的迅速发展，使其逐渐成为各行业未来发展的驱动力。

1.1.1 媒体与数字媒体

数字媒体的本质是媒体，要深入了解和学习数字媒体技术，需层层递进，首先了解媒体和数字媒体的概念。

1. 媒体

媒体（Media）常指传播信息的媒介，通常包含两层含义：一是指储存和传递信息的实体，如杂志（见图1-1）、报纸、磁带、光盘、电视等（杂志社、报社、电视台等则是从事信息采集、加工制作和传播的媒体机构）；二是指信息的载体或表现形式，如文字、音频、图像（见图1-2）、动画、视频等。

▲ 图1-1 储存和传递信息的实体——杂志

▲ 图1-2 信息的表现形式——图像

2. 数字媒体

数字媒体是数字化的内容作品通过现代网络等主要传播载体，分发到终端和用户的全过程。

从上述定义可以看出，数字媒体与互联网密不可分，以现代网络为传播载体，"数字化"是其基本特征。数字化是将文字、图像、声音等信息先采集为声、光、电等模拟信号，再转换为二进制数字信号的过程，以便计算机读取、处理、存储和传输。在计算机中，各种信息都是以数据的形式呈现的。

知识拓展

计算机内部采用二进制数字信号的原因

计算机中的数据可分为数值数据和非数值数据（如字母、汉字和图像等）两大类，无论什么类型的数据，在计算机内部都是以二进制代码的形式存储和运算的，而二进制数字信号只有"0"和"1"两个代码。计算机尽管在内部采用二进制数字信号来表示各种信息，但在与外部交流时仍采用人们熟悉和便于识别的形式，如十进制数据、文字和图像等，它们之间的转换，则由计算机的软硬件来完成。以数字语音通信为例，计算机将采集到的发送方语音的模拟信号转换为以"0"和"1"表示的数字信号，然后进行传递，接收方的计算机再将以"0"和"1"表示的数字信号恢复成便于用户识别的语音信息进行输出。因此，简单地说，数字媒体就是以"0"和"1"的数字形式获取、处理、传播信息的媒介。数字信号传播相较于模拟信号传播的优点是信息传递损耗小、稳定性好、可靠性高。

1.1.2　数字媒体的分类

按照不同标准，数字媒体可划分为不同的类别。

• 按时间属性划分，数字媒体可分为静止媒体（Still Media）和连续媒体（Continues Media）。静止媒体指内容不会随着时间变化的数字媒体，如文本和图像；连续媒体指内容会随着时间变化的数字媒体，如音频、视频等。

• 按来源属性划分，数字媒体可分为自然媒体（Natural Media）和合成媒体（Synthetic Media）。自然媒体指客观世界存在的景物、声音等，经过专门的设备进行数字化和编码处理之后得到的数字媒体，比如数码相机拍摄的照片、数字摄像机拍摄的影像等；合成媒体指以计算机为工具，采用特定符号、语言或算法表示，由计算机合成的文本、声音、图像或动画等，如用3D绘图软件制作出来的动画角色。

• 按组成元素划分，数字媒体可以分为单一媒体（Single Media）和多媒体（Multi Media）。单一媒体指采用单一表现形式的数字媒体；多媒体指多种信息载体的组合，其表现形式更复杂，更具视觉冲击力和互动特性。

1.1.3　数字媒体技术及其特点

数字媒体技术中的媒体主要指信息的表现形式。简单来说，数字媒体技术是利用现代计算机和通信手段，综合处理文字、图像、视频和音频等多种媒体信息，使抽象的信息变得可感知、可管理和可交互的一种技术。

数字媒体技术以计算机技术为基础，是融合计算机科学与技术、网络技术、通信技术、信息处理技术等多门学科的交叉学科。从研究和发展的角度来看，数字媒体技术具有多样性、集成性、交互性和实时性等特点。

1. 多样性

使用数字媒体技术可以综合处理多种媒体信息。例如，在用计算机编辑视频文件时，可以处理文本、视频和音频信息。图1-3所示为在Premiere中编辑视频文件时的情况。

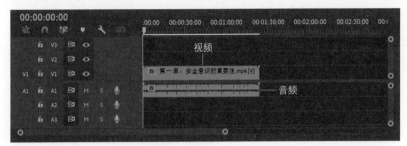

▲ 图1-3　在Premiere中编辑视频文件时的情况

2. 集成性

使用数字媒体技术可以将不同类型的媒体信息有机组合在一起，形成一个与这些媒体信息相关的集成设备。例如，企业、学校、小区等场所配备的人脸识别系统，就是将图像、视频等信息集成起来的设备，如图1-4所示。

▲ 图1-4　人脸识别系统

3. 交互性

使用数字媒体技术可以组织多种媒体信息，以实现人机交互。用户可以通过交互系统的输入设备输入动作或语音等指令，交互系统接收指令后会根据指令要求，控制有关设备的运行并执行有关指令，输出相应结果，以产生交互行为。图1-5所示为某企业的数字媒体交互系统，用户可以根据需要，通过触摸的方式浏览相关内容。

▲ 图1-5 数字媒体交互系统

4.实时性

使用数字媒体技术可以实时采集并高效处理、传输各种媒体信息，使人们能够及时了解和掌握最新的信息和动态，从而更好地应对和处理事件。例如，城市运营管理中心（City Operation Management Center，COMC）利用数字媒体技术实时采集、整合城市运营管理相关数据，如图1-6所示，建立完善、齐全的城市信息资源数据库，并通过移动终端、大屏幕及计算机等多种终端，随时随地呈现与城市运行相关的各项信息，为城市管理者提供决策支撑。

▲ 图1-6 城市运营管理中心的实时数据

1.1.4 数字媒体技术与数字媒体艺术

数字媒体技术和数字媒体艺术是两个不同的领域，从专业角度看，前者属于计算机类专业，后者属于艺术设计类专业。然而，艺术的创新和技术的进步总是交织在一起——数字媒体技术和数字媒体艺术是相互融合发展的。概括而言，两者都以数字媒体为基础，为数字媒体行业服务。其中，数字媒体技术主要是研发数字媒体艺术所存在的平台或工具，而数字媒体艺术则是让这个平台或工具上的内容变得美观。

具体来说，数字媒体技术以计算机技术为主，艺术设计为辅；数字媒体艺术以艺术设计为主，计算机技术为辅。也就是说，在数字媒体技术中，艺术为技术的应用与创新提供服务，使数字媒体内容和数字媒体产品具备艺术的美感；在数字媒体艺术中，技术为艺术的创作提供服务，这是因为数字媒体艺术效果的呈现往往需要技术的支撑。所以，学习数字媒体艺术的人们需要掌握一定的数字媒体技术；而学习数字媒体技术的人们也需要培养一定的艺术修养，学习和了解一些艺术设计和人文知识。

人才素养 　　我们学习数字媒体技术，应以国家政治、经济和文化建设的发展需求为基本原则，以行业标准和社会需求为导向，培养良好的道德修养和社会责任感，具备一定的数字媒体艺术修养、学习能力、实践能力、创新意识和团队合作精神，熟练掌握数字媒体技术及相关领域的基本理论与专业技能，成为各行业数字媒体产品研发与设计以及技术管理的复合型、应用型高级技术人才。

1.2 数字媒体技术信息处理系统

从计算机信息处理的角度来看，数字媒体技术信息处理系统是以计算机硬件为核心，由硬件系统和软件系统两大部分有机结合而成的综合系统，负责为数字媒体技术的实施提供平台。数字媒体技术信息处理系统能够把图像、音频、视频等媒体信息与计算机系统融合起来，并由计算机系统对各种媒体信息进行存储、处理和传输等操作。

1.2.1 数字媒体技术信息处理硬件系统

数字媒体技术信息处理硬件系统为多种媒体信息的存储、处理和传输等操作提供了坚实的硬件平台，主要由计算机主机和各种外接设备组成。

1. 计算机主机

计算机主机是数字媒体技术信息处理硬件系统的核心部分，主要由中央处理器（Central Processing Unit，CPU）、内存储器（简称内存）、硬盘、显卡、声卡、网卡和主板等组成。

知识拓展

计算机的类型

- CPU。CPU是计算机的运算和控制中心，主要负责执行指令，如图1-7所示。它的性能直接影响计算机的运行速度。

- 内存。内存（见图1-8）是计算机用来临时存放数据的地方，其容量和存取速度直接影响CPU处理数据的速度。因此，CPU和内存的性能越好，计算机的性能就越好，计算机处理数字媒体信息的效率就越高。

- 硬盘。硬盘属于外存储器，是计算机中容量最大的存储设备，通常用于存放永久性的数据和程序，如图1-9所示。

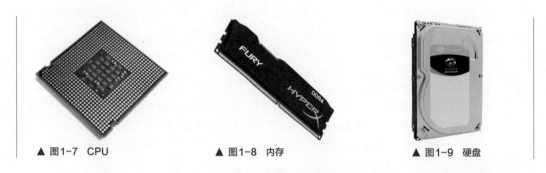

▲ 图1-7 CPU　　　　　　　　▲ 图1-8 内存　　　　　　　　▲ 图1-9 硬盘

- 显卡。显卡即显示卡，又称显示适配器，是连接计算机主机与显示器的桥梁，用于将主机中的数字信号转换成图像信号，并在显示器上显示出来，如图1-10所示。它的性能影响着计算机画面的显示效果。

- 声卡。声卡即音频卡，是实现声音数字信号和模拟接口信号相互转换的专用功能卡，如图1-11所示。声卡一般都预留了麦克风接口、激光唱机接口、乐器数字接口（Music Instrument Digital Interface，MIDI）等插孔，可以录制、编辑和回放数字音频文件，控制各声源的音量并加以混合，在录制、编辑和回放数字音频文件时进行压缩和解压缩，具有初步的语音识别功能，等等。

- 网卡。网卡又称网络接口控制器（Network Interface Controller，NIC），是计算机与传输介质的接口，如图1-12所示。如果数字媒体信息需要发布在互联网上，则计算机需要配置网卡。

▲ 图1-10 显卡　　　　　　　　▲ 图1-11 声卡　　　　　　　　▲ 图1-12 网卡

● 主板。主板也称为主机板或系统板，从外观上看，主板是一块矩形的电路板，如图1-13所示，上面布满了各种电子元器件、插槽和外部接口。它可以为计算机的所有部件提供插槽和接口，并通过其中的线路统一协调所有部件的工作。

▲ 图1-13　主板

技术讲堂

　　随着主板制作技术的发展，显卡、声卡、网卡等硬件都可以以芯片的形式集成在主板上。集成在主板上的显卡、声卡、网卡被称作集成显卡、声卡、网卡，而需要插在主板相应接口上的显卡、声卡、网卡被称作独立显卡、声卡、网卡。独立网卡和集成网卡区别不大，而独立显卡和声卡的性能一般优于集成显卡和声卡。

2. 外接设备

　　数字媒体技术信息处理硬件系统的外接设备多种多样，大致可分为输入设备、输出设备和移动存储设备3种类型，分别用于输入、输出和存储数字媒体信息。

　　● 输入设备。输入设备把待输入的字符、程序、图形、图像、音频、视频等信息转换成能被计算机识别和处理的数据形式，并传输到计算机中。常用的输入设备包括鼠标、键盘、手写板、触摸屏、扫描仪、摄像头、数码相机、数码摄像机、麦克风等。此外，动作捕捉设备也是数字媒体技术信息处理硬件系统重要的输入设备，它能捕捉用户的肢体动作，并输入用户动作数据，达成互动体验或用于内容制作。图1-14所示是一种动作捕捉设备——数据手套，可在虚拟场景中进行物体的抓取、移动、旋转等，并输入动作信息。

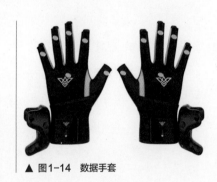

▲ 图1-14　数据手套

　　● 输出设备。输出设备将计算机中的数据或信息以数字、字符、图形、图像、音频、视频等形式表示出来。常用的输出设备包括显示器、打印机、投影仪、绘图仪、音箱、耳机等。

　　● 移动存储设备。常用的移动存储设备包括U盘和移动硬盘，具有即插即用、使用方便、容量大、数据传输速度快等特点。此外，手机是一个整合3C（计算机、通信、消费电子）的产品，在数字媒体技术信息处理硬件系统中也可作为移动存储设备，通过数据线或无线网络与计算机进行连接，彼此传输数据。

1.2.2 数字媒体技术信息处理软件系统

数字媒体技术信息处理软件系统的主要功能是调度、监控和维护计算机，使计算机中各种独立的硬件有机组合、协调工作，使用户能够方便地设计、创作、编辑和应用各种数字媒体信息。数字媒体技术信息处理软件系统包括系统软件和应用软件两类。

1. 系统软件

最基础和最重要的系统软件是操作系统，它是数字媒体技术信息处理软件系统的核心，也是计算机的控制和管理中心，主要作用是管理计算机软硬件资源，改善人机界面，为应用软件的运行提供支持、服务。目前主流的操作系统有Windows、macOS、Linux等。

2. 应用软件

应用软件需要运行在操作系统上，是为了某种特定的用途而开发的。与数字媒体技术有关的应用软件有以下几类。

• 数字媒体编辑处理软件。数字媒体编辑处理软件供用户编辑处理数字媒体信息，如文字处理软件WPS、Word，图像处理软件Photoshop、CorelDRAW，音频处理软件Audition、CakeWalk，动画制作软件Animate、3ds Max，视频编辑软件Premiere、会声会影，网页制作软件Dreamweaver，等等。

• 数字媒体集成开发软件。数字媒体集成开发软件供特定领域的专业人员组织和编排数字媒体信息，使其在设计和制作数字媒体编辑处理软件的作品时，能够把各种数字媒体信息有机地结合成一个统一的整体，如图标导向式的数字媒体集成开发软件Authorware、基于时间顺序的数字媒体集成开发软件Director、以页为基础的数字媒体集成开发软件ToolBook等。

• 数字媒体播放软件。顾名思义，数字媒体播放软件用于播放和查看数字媒体信息，如Windows 10系统中自带的媒体播放软件Windows Media Player和"照片""电影""电视"等，以及相关软件服务商推出的各种看图软件、音乐播放器、视频播放器等。

在数字媒体应用软件开发中，程序设计是重要的组成部分。程序设计往往以某种程序语言为工具进行程序编写。程序语言的种类非常多，常用于数字媒体技术的程序语言有C++、C#、Java、Visual Basic（VB）等。

1.3 数字媒体的关键技术

　　数字媒体技术融合了许多学科和研究领域的理论、技术与成果，其所涉及的关键技术包括数字图像与计算机视觉技术，数字音频技术，数字视频技术，计算机图形学与动画技术，数字媒体压缩、存储与传输技术，融媒体技术，人机交互技术，虚拟现实技术，等等。

1.3.1 数字图像与计算机视觉技术

　　在图像、文字和音频这3种形式的数字媒体信息中，图像包含的信息量是最大的，并且这些信息的获取非常依赖人的视觉器官。人们在大多数时候通过视觉获取知识，数字图像技术就是利用计算机处理图像，使其更适合被人眼或仪器分辨，从而便于人们获取其中的信息。

　　计算机视觉技术是一种研究如何使计算机"看"，使其具有感受环境的能力和人类视觉功能的技术，即用计算机模拟人类的视觉过程，用摄像头代替人眼识别、跟踪和测量目标等，通过计算机处理视觉信息获得更深层次的信息。例如，通过放置在车辆上方的摄像头拍摄前方场景，推断车辆能否顺利通过前方区域，便是应用图像处理（一般指数字图像处理）和计算机视觉技术的综合体现。

1.3.2 数字音频技术

　　数字音频技术是随着数字信号处理技术、计算机技术、多媒体技术的发展而形成的一种全新的音频处理手段，可利用数字化手段录制、存放、编辑、压缩和播放音频，使得到的数字音频具有高保真的特性。

1.3.3 数字视频技术

　　数字视频技术是一种利用数字化手段进行视频存储、编辑、压缩和播放的技术。它既可以将模拟视频信号输入计算机进行数字化处理，最后制成数字视频内容或产品；也可以用数字摄像机拍摄视频，确保信号源开始就是无失真的数字视频，输入计算机时不用再考虑视频质量的衰减问题，最后直接制成数字视频内容或产品。

1.3.4 计算机图形学与动画技术

　　计算机图形学（Computer Graphics，CG）是一门使用数学算法将二维或三维图形转化为计算机显示器栅格（像素）形式的学科，是计算机科学的一个重要分支领域。简单地说，计算机图形学研究如何在计算机中表示图形，以及利用计算机进行图形的计算、处理和显示的相关原理与算法（算法是指对解题方案的准确而完整的描述，是一系列旨在解决问题的清晰指令）。

动画是指采用连续播放静止图像的方法，使对象产生运动的效果。计算机动画是计算机图形学的研究热点之一，我们可借助编程或动画制作软件生成一系列连续运动的画面。

1.3.5　数字媒体压缩、存储与传输技术

数字媒体压缩、存储与传输技术是数字媒体技术的重要研究内容，且三者之间具有一定的关联。在采用新技术增加计算机CPU的处理速度、存储器的容量和网络通信带宽时，不仅需要研究高效的压缩技术，还需要研究高效的存储与传输技术。

* 压缩技术。随着数字媒体技术的发展，计算机要存储、处理、传输的数据量越来越大，因此需要压缩数字媒体信息。而压缩技术就可以压缩数字媒体信息，以便更轻松地利用计算机进行存储和传输。

* 存储与传输技术。存储与传输技术即研究数字媒体信息存储与传输的技术。要利用计算机处理大量的数字媒体信息，既要保证数字媒体信息存储的可靠性，又要保证数字媒体信息传输的实时性。

1.3.6　融媒体技术

融媒体是互联网时代的产物，指在使用互联网的基础上，整合、融通传统媒体和新媒体，构建“资源通融、内容兼融、宣传互融、利益共融”的新型媒体。融媒体源自新媒体的发展，打破了传统媒体的壁垒，使不同媒体之间可以互相协作，形成更加多样、丰富的媒体产品和服务。融媒体技术是指用于融媒体内容采集、存储、制作、播出、分发、传输、接收等各环节的各种技术的统称，涉及计算机技术、通信技术、信息与网络技术，其技术体系错综复杂。融媒体技术应用于媒体，其与媒体的传播属性、业务流程也息息相关。

1.3.7　人机交互技术

人机交互（Human-Computer Interaction，HCI）是指人与计算机之间使用某种对话语言，以一定的交互方式，完成人与计算机之间的信息交换的过程。简单来讲，就是人如何通过一定的交互方式告诉计算机希望它完成的任务，计算机根据任务要求执行指令。

人机交互技术是数字媒体系统用户界面设计中的重要内容之一。用户界面（即人机交互界面，如触摸屏）是人与数字媒体系统之间传递、交换信息的媒介和对话窗口，是人机交互技术的重要组成部分。

1.3.8 虚拟现实技术

虚拟现实（Virtual Reality，VR）技术又称虚拟实境或灵境技术，是在仿真、计算机图形学等相关技术基础上发展起来的一种综合技术，主要研究如何利用计算机模拟构建三维图形空间，并使用户能够自然地与该空间进行交互。这种技术对三维图形处理技术有较高的要求，是数字媒体技术发展的更高境界。虚拟现实技术提供了一种完全沉浸式的人机交互方式，用户处在计算机模拟真实世界构建的虚拟空间中，无论是看到的、听到的，还是感觉到的，都和在真实的世界里体验的一样，用户通过输入和输出设备还可以同虚拟空间进行交互。

增强现实和混合
现实技术

课堂讨论

除了上文中介绍的多种数字媒体关键技术，你还知道哪些与数字媒体紧密联系的技术？请至少列出两种，并分别简要说明该技术的概念和常见应用。

1.4 数字媒体技术应用与发展

数字媒体以现代网络为传播载体，网络化是数字媒体信息传播过程中最显著和最关键的特征。随着网络技术、计算机和移动设备（主要是手机）的发展与应用，数字媒体在人们的日常生活中变得不可或缺。

1.4.1 数字媒体技术的应用领域

数字媒体技术革新了传统的媒体设计制作方法，同时，计算机和手机的普及及其功能的日益强大，使数字媒体技术广泛应用于娱乐、通信、新闻、旅游、教育、艺术、医疗诊断、工业设计、公共安全、电子商务等行业和领域，影响着人们工作和生活的方方面面。

1. 娱乐

数字媒体技术广泛应用于娱乐业，丰富了娱乐项目的内容和表现形式，特别是在电影、电视、演唱会、游戏等领域。例如，电影制作采用大量的数字特效，为观众呈现气势恢宏、细腻逼真的影视奇观，如国内的《流浪地球》系列电影、国外的《阿凡达》系列电影（见图1-15）等。这些电影用计算机制作角色、道具，借助先进的动作捕捉技术使片中的角色更加生动。这在一定程度上揭示了数字媒体技术在电影创作中不仅是一种技术、一种形式，而且可以成为内容主体。近年来，国内外制作了大量优秀的二维、三维动画电影，如《西游记之大圣归来》《大鱼海棠》《哪吒之魔童降世》《大护法》《白蛇：缘起》《机器人总动员》《疯狂动物城》《寻梦环游记》《飞屋环游记》，都体现了对数字媒体技术的应用。图1-16所示为三维动画电影《西游记之大圣归来》。

▲ 图1-15 《阿凡达》系列电影中用计算机制作的角色

▲ 图1-16 三维动画电影《西游记之大圣归来》

演唱会可以使用3D全息投影（3D全息投影指通过数字化的方式和虚拟现实技术将3D图像投射到屏幕上，从而创造出逼真的虚拟世界），打造精美的舞台效果（见图1-17），也可以让真人和虚拟人物同台表演。虚拟现实技术也被应用于电子游戏中（见图1-18）。例如，在模拟飞行游戏中，让用户感觉自己置身于真实的环境中驾驶飞行器；在角色扮演游戏中，让用户感受到自己扮演的角色在游戏中自由行动。总而言之，数字媒体技术增强了游戏的真实感和体验感，让用户身临其境地玩游戏，极大地提升了娱乐效果。

▲ 图1-17 采用3D全息投影的舞台效果

▲ 图1-18 应用虚拟现实技术的电子游戏

2. 通信

数字媒体技术改变了人们的通信方式，使沟通变得更快、更容易、更高效，数字媒体技术在通信领域的典型应用就是视频通信。用户对通信的可视化需求逐渐增加，进而转变为对视频和音频的通信需求，集传送视频、音频于一体的视频通信业务也就成为通信领域发展的热点，目前已研发出视频会议、视频电话、网络直播等视频通信方式。随着数字媒体技术的发展，现在的视频通信终端已具有共享电子文档、浏览网页等功能，并且使用增强现实和人脸跟踪技术，在通话的同时可以为用户实时添加如帽子、眼镜等虚拟物体，增强了视频通信的趣味性。

3. 新闻

数字媒体技术对新闻业的影响较大，使新闻的传播方式逐渐趋向数字化。这是因为数字媒体技术为用户提供了更直观、更多元的信息展示方式，不仅有文字描述，还可以搭配图片、音频，甚至动画或视频。图1-19所示为新浪新闻客户端界面，其显示了包含文字、图片和视频等在内的新闻信息。同时，数字媒体技术提高了新闻信息的生产效率。传统的新闻媒体如报纸、广播和电视，其信息的采集几乎完全依赖专业的新闻从业人员，媒体机构为了获得第一手的新闻信息不仅需要投入大量的人力和其他资源，而且信息传播会经历冗长的撰写、修改、报道等程序，信息的时效性大打折扣；而手机携带方便、功能强大，任何人在任何地点、任何时间都可以通过文字、音频和视

▲ 图1-19　新浪新闻客户端界面

频等形式实时记录发生的新闻事件，同时进行实时发布。另外，数字媒体技术提高了新闻信息的传播效率，扩大了新闻信息的传播面，用户可以随时随地通过新闻客户端获取大量的新闻信息，并进行实时的分享传播。

近年来，许多历史悠久的报社减少了纸质报业务，转而专注于数字媒体电子报的发展。

4. 旅游

近几年，旅游业的竞争愈发激烈，并加速向数字化、智慧化发展。目前，数字媒体技术在旅游业中的应用主要体现在旅游宣传、旅游服务和旅游监管保护3方面。

● 旅游宣传。数字媒体技术的应用可以将景区的资源以数字媒体信息的形式上传至互联网，向世界各地的人们展示，使其产生身临其境的感觉，从而增强宣传效果，提高景

区的知名度。同时，旅游服务商可及时更新旅游信息，确保信息的准确性和时效性，给游客带来便利。

- 旅游服务。数字媒体技术可以协助旅游服务商开发移动应用程序，针对门票购买、电子导览、食宿预订、在线购物、点评分享等为游客提供一条龙服务。同时，数字媒体技术的应用使旅游经营管理、服务方式发生了巨大的改变。例如，通过移动应用程序收集游客数据，分析、了解游客的旅游偏好，再向游客推荐个性化的旅游产品；通过网络直播及时向游客传递景区最新旅游信息，与游客进行互动，直播销售旅游产品，等等；利用虚拟现实技术模拟景区实景，构建虚拟的三维立体旅游环境，使游客足不出户就能在三维立体的虚拟环境中遍览景区美景。图1-20所示为故宫博物院官方网站通过VR导览功能展示的景点三维视图，可供360°全景预览相关景点。

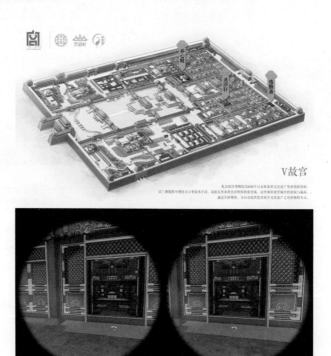

▲ 图1-20　故宫博物院官方网站的VR导览功能

- 旅游监管保护。数字媒体技术可以对景区内资源变化情况进行实时监控，保护景区资源，并通过设置数字化导览系统来分流游客，引导游客游览可观赏区域，从而保护景区内易损资源，也有利于被破坏资源的恢复。另外，数字媒体技术中的三维建模既可以为文物的修复、检测提供精准的科学依据，又可以帮助重建、复原已损坏的历史文物。

5. 教育

数字媒体技术在教育领域的应用主要体现在综合使用数字媒体技术处理和控制图像、

音频、动画和视频等数字媒体信息，将其与教学有机地结合在一起，形成合理的教学内容呈现在屏幕上，可供完成一系列人机交互操作，使学生拥有更好的学习体验。例如，利用数字媒体技术模拟物理和化学实验、天文和自然现象、社会环境变化及生物繁殖进化等，如图 1-21 所示。

随着网络技术的发展，数字媒体远程教育也在不断完善。学生可以通过互联网随时调用存放在服务器上的数字媒体信息进行学习，也可以在较高的网络传输速率下通过摄像头、声卡和麦克风等设备实现远程音频和视频信息交流。这种教学模式不受地域、时间或各种突发事件的影响，能够保证教学过程顺利开展，如图 1-22 所示。

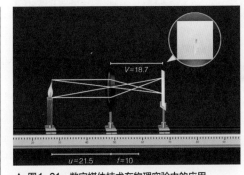

▲ 图1-21　数字媒体技术在物理实验中的应用

▲ 图1-22　数字媒体技术在远程教育中的应用

6. 艺术

数字媒体技术为艺术家们提供了创意工具和平台，艺术家们可以采用数字媒体信息作为素材，整合声光视觉效果，还可以加入人机交互，向更广泛的受众展示他们的作品。

日本平面设计界探索数字设计表现的开拓者胜井三雄（Mitsuo Katsui），一生致力于开拓平面设计的新领域，不断研究计算机等新媒介与平面设计的结合方式。早在1958年他就大胆预言："将来的设计师可以不用笔来画设计。"20世纪80年代后期，胜井三雄开始借助计算机和数字化技术完成作品创作，将数字化技术和色彩丰

▲ 图1-23　"视觉共振·胜井三雄"展《色光的房间》展览区域

富的视觉表现结合，其作品往往能带给人们不同寻常的视觉感受和体验，达到魔术般的效果。图1-23所示为"视觉共振·胜井三雄"展《色光的房间》展览区域，该区域展出了胜井三雄具有代表性的重要设计作品。

我国当代许多艺术家也积极探索数字媒体技术与艺术的融合，例如，艺术家于晓冬

开创了中国数字版画创作的先例。图1-24展示的是他的数字版画《暮霭下的归途》，灵感源自在剧场观看戏曲曲目《武家坡》。他在采访中提到"画面中红色做旧的幕布，背景里粗糙像素表现的山峦和远处的佛塔，中国的皮影形象和错乱时空一般荒诞的巨大投影，都在力图呈现一则介于现实与虚幻之间、传说与历史交错的寓言故事"。显然，将传统文化与现代技术相结合，可以有更广的受众面，更利于传统文化的传播。

▲ 图1-24　数字版画《暮霭下的归途》——于晓冬

7. 医疗诊断

数字媒体技术在医疗领域的常见应用是通过实时动态视频扫描和声影处理技术等为病人诊疗，如超声检查、X射线检查（见图1-25）。另外，在网络技术和数字媒体技术的共同辅助下，远程会诊应运而生，如图1-26所示，这使得医生能够在千里之外为患者看病、开处方。对于疑难病例，各路专家还可以远程联合会诊，为抢救危重病人赢得宝贵的时间。

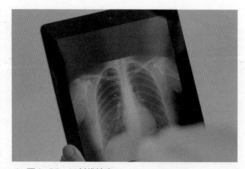

▲ 图1-25　X射线检查

▲ 图1-26　数字媒体技术在远程会诊中的应用

8. 工业设计

数字媒体技术广泛应用于工业设计领域。在工业产品设计前期，借助数字媒体技术，设计师们可方便地进行方案交流、资源共享，以提高工作效率。在工业产品设计的制作阶段，设计师们可以利用数字媒体技术中的三维制图软件制作产品的立体设计图，如

图1-27所示，加强产品模拟的表现力；并且配合仿真技术，可以测试产品性能，也便于设计稿的修改和更新。相比传统的工业设计，这种方式突破了手绘创作的局限，省去了构建产品实体模型、开展实体实验的复杂流程。

▲ 图1-27 产品的立体设计图

9. 公共安全

在公共安全领域，数字媒体技术可以用于组建入侵报警系统、视频安防监控系统、出入口控制系统和防爆安全检查系统等安全防范系统。数字媒体技术的发展使安全防范系统集图像、音频和防盗报警功能于一体，还可以将数据存储以备日后查询，使原有的安全防范系统更为完善，这使数字媒体技术被广泛应用于工业生产安全监控、银行安全监控和交通安全保障等场景。数字媒体技术将安全防范系统与网络相连，还可以实现远程监控、通过网络终端获取监控信息或调整监控参数等操作。

10. 电子商务

当下电子商务发展迅速，网上购物、网上交易、在线支付及各种电子商务活动等都离不开数字媒体技术的支持。目前，数字媒体技术在电子商务方面的应用主要体现在网页设计和网络营销两个方面。

- 网页设计。在设计电子商务网页时，可以将图像、音频、视频等各种数字媒体信息融入其中，如图1-28所示，制作出更加精美、优质的页面来展示商品，并与消费者产生互动，提升消费者的购物体验。

▲ 图1-28 数字媒体技术在网页设计中的应用

- 网络营销。利用数字媒体技术是企业展开网络营销的主流方式，企业通过图像、视频和直播等方式对商品和品牌内容进行直观展示，能给消费者带来强烈的视觉冲击。

图1-29所示为某电商平台卖家正在现场包装榴莲的直播画面。

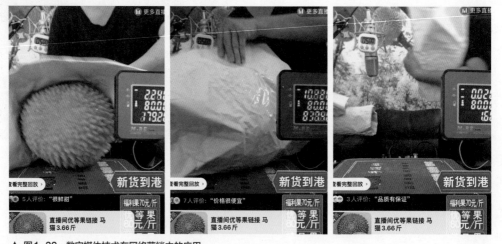

▲ 图1-29　数字媒体技术在网络营销中的应用

1.4.2　数字媒体技术产业的发展

数字媒体技术产业是指以数字媒体技术和互联网平台为核心，涉及产品研发，内容创作、生产与传播，开展服务与管理等全过程的产业。

数字媒体技术产业与人们的娱乐、生活、工作等各个方面紧密相连，并且科学技术和经济的不断发展为数字媒体技术产业带来了更广阔的发展空间，使其成为近年来发展最快的产业之一。它的发展趋势主要表现在以下几个方面。

- 智能化。随着社会的发展，用户对人性化服务的需求越来越突出。这就要求数字媒体技术不仅要具有强大的功能，还要满足用户希望操作简单快捷的要求，即智能化。而在数字媒体技术产业的不断升级中，互联网、智能设备、人工智能、大数据、区块链等技术的快速发展和应用，为数字媒体技术的智能化提供了有力支持。

- 移动化。随着移动互联网的兴起和智能手机、平板电脑等移动设备的普及，数字媒体技术产业的发展进入了一个新的阶段。人们不仅可以通过移动设备随时随地查看数字媒体内容，还可以通过社交媒体分享自己的生活、观点和经验，这让数字媒体行业的受众范围迅速扩大，也使数字媒体内容更加多样化。同时，随着5G用户数量和互联网流量增加，我国移动互联网市场日趋活跃。"移动化"是数字媒体技术产业未来的重要发展趋势，智能手机等移动设备将成为重要的媒体平台，各种移动应用也将蓬勃发展，为用户提供理财、支付、出行、购物等多种生活服务。

- 内容创新。数字媒体技术产业的升级使用户对数字媒体内容创作有了更高的要求，内容不仅要更加丰富、多样和精准，还要能够实现跨界融合，提升用户的使用体验。目前，视频已经成为数字媒体中最受欢迎的内容形式之一。在未来，数字媒体技术产业将会更加注重移动端视频的内容创新和用户体验改善。

- 行业融合。数字媒体技术是交叉学科的综合技术，未来仍会不断加强与其他行业的融合，应用会越来越广泛，不仅能够促进传统媒体向数字媒体转型升级，改变传统媒体的商业模式和经营方式，而且也能够推动其他行业的数字化转型。

- 国际化竞争。数字媒体产业内容涵盖众多领域，被称为 21 世纪知识经济的核心产业。数字媒体无疑丰富了人们的工作方式、生活方式、娱乐方式，数字媒体技术产业的发展更是在某种程度上体现了一个国家在信息服务、传统产业升级换代，以及前沿技术研究和集成创新方面的实力和水平。因此，数字媒体技术在世界范围内受到了高度重视，数字媒体技术产业已成为世界各国争相发展的重要产业之一，其国际化竞争也日趋激烈。

总之，随着技术、市场和用户需求的变化，数字媒体技术产业还将不断发展和迭代更新，这需要相关企业有更加敏锐的洞察力从而更具竞争优势，在日益激烈的市场竞争中生存下去。

课堂实训

探讨数字媒体与传统媒体、新媒体的关系

1. 实训背景

在传媒领域，我们会经常听到数字媒体与传统媒体、新媒体的说法，无论是数字媒体、传统媒体还是新媒体，它们本质上都是媒体，都是传播信息的媒介。深入理解数字媒体、传统媒体以及新媒体的含义，理清它们之间的区别与联系，能够为我们理解数字媒体技术及其应用服务，学习数字媒体技术打好基础。本次实训需要通过互联网、图书馆等渠道收集资料，结合自己的理解探讨数字媒体与传统媒体、新媒体的关系。

2. 实训目标

（1）熟悉数字媒体、传统媒体、新媒体的含义。

（2）梳理数字媒体、传统媒体、新媒体三者的关系。

（3）培养自主学习能力和钻研探索的精神。

3. 任务实施

（1）分别阐述数字媒体、传统媒体、新媒体的含义。

_____

_____

（2）探讨传统媒体与新媒体的关系。

_____

_____

（3）探讨数字媒体与传统媒体的关系。

_____

_____

（4）探讨数字媒体与新媒体的关系。

_____

_____

本章小结

　　数字媒体技术是综合处理文字、图像、视频和音频等多种媒体信息的一种技术，是以计算机技术为基础，融合网络技术、通信技术、信息处理技术等多门学科的交叉学科。数字媒体技术信息处理系统以计算机硬件为核心，由硬件系统和软件系统两大部分构成，能够把图像、音频、视频等媒体信息与计算机系统融合起来，并由计算机系统对各种信息进行存储、处理和传输等操作；其所涉及的关键技术包括数字图像与计算机视觉技术，数字音频技术，数字视频技术，计算机图形学与动画技术，数字媒体压缩、存储与传输技术，融媒体技术，人机交互技术与虚拟现实技术等。

　　数字媒体技术极大地改变了媒体传播方式和媒体内容呈现形式，使媒体传播方式更加高效、便捷，使媒体内容呈现形式更加丰富、多样，因此数字媒体技术在娱乐、通信、教育、艺术、医疗诊断、电子商务等众多行业和领域中都有着广泛的应用。而数字媒体技术产业以数字媒体技术和互联网平台为核心，数字媒体技术的研发进步将进一步推动数字媒体技术产业的发展，数字媒体技术产业的持续发展又为数字媒体技术的发展创新提供了良好的环境，两者相辅相成，互相促进。同时，数字媒体产业的发展和应用，能够客观地反映出一个国家的前沿技术甚至文化艺术的发展水平，反映出整个社会信息化的程度。因此，发展数字媒体技术产业，对于推动传统产业升级、弘扬中华优秀传统文化、提高社会信息化程度和服务国家发展战略等方面都具有重要意义。

课后习题

1. 单项选择题

（1）数字媒体的主要传播载体是（　　）。

    A. 计算机   B. 现代网络   C. 二进制数   D. 手机

（2）"第五媒体"是指（　　）。

    A. 电视   B. 电影

    C. 互联网   D. 以手机为代表的移动网络媒体

（3）"使用数字媒体技术可以综合处理多种媒体信息"，这句话表达了数字媒体技术（　　）的特点。

    A. 多样性   B. 集成性   C. 实时性   D. 交互性

（4）（　　）是一种静态图像采集设备，可以把各种图像信息转换成数字图像数据并传送给计算机。

    A. 摄像机   B. 打印机   C. 复印机   D. 扫描仪

（5）（　　）是实现音频数字信号和模拟信号相互转换的专用功能卡。

    A. 显示卡   B. 声卡   C. 视频卡   D. 网卡

（6）下列选项中对数字媒体技术表述正确的是（　　）。

    A. 数字媒体技术与计算机技术不相关

    B. 数字媒体技术的信息处理系统由系统软件和应用软件构成

    C. 手机的普及对数字媒体技术的应用没有产生影响

    D. 数字媒体技术是计算机技术、网络技术、通信技术等学科交叉融合的产物

（7）下列选项中对虚拟现实技术表述正确的是（　　）。

    A. 虚拟现实技术也称作增强现实技术

    B. 虚拟现实技术的英文缩写是AR

    C. 虚拟现实技术利用模拟的方式建构接近现实的世界

    D. 虚拟现实技术利用投影将影像投射到现实中

2. 多项选择题

（1）纸质媒体包括（　　）。

    A. 报纸   B. 杂志   C. 广播   D. 电视

（2）下列属于传统媒体的是（　　）。

    A. 电子图书　　　　B. 广播　　　　　　　C. 电视　　　　　　　D. 报纸

（3）数字信号传播相较于模拟信号传播的优点有（　　）。

    A. 信息传递损耗小　　　　　　　　B. 稳定性好

    C. 可靠性高　　　　　　　　　　　D. 分辨率高

（4）数字媒体的表现形式有（　　）。

    A. 文字　　　　　　B. 音频、视频　　　C. 图像　　　　　　　D. 动画

（5）发展数字媒体技术产业的意义和价值有（　　）。

    A. 推动传统产业升级　　　　　　　B. 弘扬中华优秀传统文化

    C. 提高社会信息化程度　　　　　　D. 服务国家发展战略

3. 思考练习题

（1）数字媒体技术与数字媒体艺术有何区别与联系？

（2）数字媒体技术常应用于哪些领域？各领域有哪些应用场景？

（3）你对数字媒体的哪项关键技术有较为深入的了解？请简要说明该技术的原理、作用和应用领域。

（4）某位插画设计师喜欢一边听音乐一边工作，创作插画时也会经常从自己拍摄的照片中寻找灵感。假如该插画师需要搭建适合自己的数字媒体处理系统，用于为客户设计并绘制插画，请尝试为该设计师选配一些必备的软、硬件设备。

02

第2章 数字图像与计算机视觉技术

　　从黑白图像到彩色图像，从电报机打印的粗糙图片到数码打印机打印的精美图片，数字图像技术快速发展的同时，其应用领域也越来越广。数字图像技术就是进行图像处理的技术，而图像处理与计算机视觉相关，实际上图像处理也是计算机视觉使用到的技术之一，计算机视觉又是计算机系统实现智能化的关键环节。

学习目标

1　熟悉数字图像的概念、类型和色彩模式。

2　了解图像增强技术和图像降噪技术。

3　了解Photoshop的界面及基本操作。

4　熟悉计算机视觉的概念、发展与应用，了解图像处理、深度学习与计算机视觉的关系。

素养目标

1　培养"择一而精"的学习态度。

2　培养一丝不苟、脚踏实地钻研学问和技术的敬业精神。

3　多看书、多动手、多实践，不断提高自己的专业水平。

思维导图

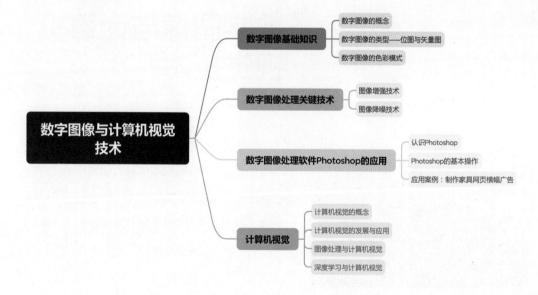

2.1 数字图像基础知识

在数字图像技术中，数字图像是其处理与应用的对象。因此，了解数字图像的基础知识是我们学习和掌握数字图像技术的基础。

2.1.1 数字图像的概念

"图"是物体反射光或透射光的分布，是客观世界的反映；而"像"则是人类视觉系统对图的响应，是人的大脑对图的印象或认识，是人的一种感觉。图像是图和像的有机结合，既反映物体的客观存在，又体现人的感知因素。

广义上，所有具有视觉效果的画面都可称为图像，包括纸介质、底片、电视、投影仪或计算机屏幕上具有视觉效果的画面。图像是人类认识世界的重要途径，照片、绘画作品、书法作品、影视画面、X光片都属于图像。

数字图像，又称为数码图像或数位图像，是由模拟图像数字化得到的，可以用计算机或数字电路存储和处理的图像。简单来说，数字图像就是用数字信号表示的图像。

课堂讨论

世界上第一张数码照片产生于哪一年？它是作者通过何种方式制成的？

2.1.2 数字图像的类型——位图与矢量图

从显示格式或生成方式的角度看，数字图像主要分为位图和矢量图两种类型，即计算机能显示位图或矢量图图像。

1. 位图

位图又称栅格图、像素图或点阵图，它由许多离散的、方格的点组成，类似于 M（行）$\times N$（列）的点阵，这些点称为像素（Pixel），像素是位图的基本元素单位。每个像素用二进制数记录位置、颜色等反映该像素属性的信息，将若干像素按一定的规则排列起来就构成了位图图像。

用数码相机拍摄的照片、用扫描仪扫描的图片，以及手机、计算机中截屏生成的图片都属于位图。位图的特点是可以表现丰富的色彩变化和细微的色彩过渡，能产生逼真的效果，方便在不同软件之间交换使用，但在保存时需要记录每个像素的位置和颜色信息，导致会占用较大的存储空间。同时，随着显示比例不断放大，位图会失真变模糊，如图2-1所示。

▲ 图2-1　放大位图显示比例的效果

（1）位图的质量、文件大小

位图的质量与其本身的分辨率有关，分辨率也叫像素密度，指每英寸图像内有多少个像素，分辨率的单位为像素/英寸（Pixels Per Inch，PPI）（1英寸≈2.54厘米）。例如，一幅图像的分辨率为"300像素/英寸"，就是说这幅图像在水平方向上每英寸有300个像素，垂直方向上每英寸有300个像素。相同尺寸的图像，像素的个数越多，图像的分辨率越高，图像越清晰，即图像的清晰度与其像素总数直接有关。因此，对于存储在计算机中的位图，其分辨率也可用像素总数表示，即图像宽度×图像高度，其中图像宽度和图像高度分别指图像水平和垂直方向上的像素数量。例如，一幅图像的宽度为1920像素，高度为1080像素，那么这幅图像的分辨率为1920×1080=2073600像素。这种分辨率表示方法同时也表示了图像显示时的宽和高，即图像尺寸。

位图文件大小是指在磁盘上存储图像所需的字节数，由图像的像素总数（或图像尺寸）和色彩深度两个因素决定。色彩深度又称图像深度，是指图像中记录每个像素颜色信息所用的二进制数的位数。对于灰度图像（又称黑白图像）来说，色彩深度决定了该图像可以使用的灰度级别，即灰度图像没有色彩变化，但存在灰度变化；对于彩色图像来说，色彩深度决定了该图像可以使用的最多颜色数目。例如，24位色彩深度的彩色图像，在RGB模式下，需用3个8位二进制数［1个字节（Byte，B）由8位二进制数表示］分别表示红（Red，R）、绿（Green，G）、蓝（Blue，B）3种颜色分量，每种颜色分量也称为颜色通道，则该图像可以包含$2^8×2^8×2^8=2^{24}$=16777216种颜色，每个像素可能是2^{24}种颜色中的一种。位图文件大小的计算公式为：位图文件大小=像素总数（或图像尺寸）×色彩深度÷8。例如，一幅1920像素×1080像素、24位色彩深度的彩色图像，其未压缩的原始数据量为：1920×1080×24÷8=6220800B=6075KB≈5.9MB（1MB=1024KB=1048576Bytes）。

总之，位图的像素个数越多，分辨率越高，文件越大；色彩深度越大，图像色彩越细腻，文件也越大。图像文件越大，所需存储空间也越大。

技术讲堂

24位色彩深度能表现的颜色种类，超出了人眼能识别的颜色范围（人眼只能辨别大约1000万种不同的颜色），通常将24位及以上色彩深度的颜色称为真彩色。24位是目前最常用的色彩深度之一，数码相机、手机拍摄的照片一般都是24位色彩深度的位图，其他常用的色彩深度有8位、16位、32位。

- 8位：8位是数字媒体应用中最低的色彩深度，可表示2^8=256种颜色。

- 16位：在16位中，常用其中的15位表示RGB模式的3种颜色分量，每种颜色5位，用剩余1位表示图像的其他属性，如透明度，所以16位色彩深度实际可表示2^{15}=32768种颜色。

- 32位：同24位色彩深度一样，也是用3个8位分别表示RGB模式的3种颜色分量，剩余的8位用来表示图像的其他属性，主要是透明度。

实际上，还有更多位数的色彩深度，如48位，但一般较少用到。一是其表现的颜色种类远远超过人眼所能分辨的颜色范围；二是位数越多，图像文件所需要的存储空间越大，处理文件时，每一步操作都需要更多时间，会降低处理效率。

（2）位图的文件格式

位图可用不同的格式存储，形成不同存储格式的位图文件。常见的位图文件格式有BMP、JPEG、TIFF、GIF、PNG。

- BMP。BMP是标准的Windows图像文件格式，是一种与硬件设备无关的图像文件格式，使用非常广，在Windows环境下运行的所有图像处理软件都支持这种格式，其文件扩展名为.bmp。BMP在色彩还原上的效果很好，属于无损压缩，但其文件占用的存储空间较大。

- JPEG。JPEG是一种很常见的图像文件格式，文件扩展名为.jpg或.jpeg，其特点是压缩比高，生成的文件较小，但图像质量会受到影响。这种格式可以满足日常大部分的图像使用需求，可应用于不需要进行较大缩放的照片、普通印刷作品等。

- TIFF。TIFF是一种高质量的图像文件格式，文件扩展名为.tif或.tiff，其生成的文件较大，当对图像质量要求较高时，可以选择这种格式。TIFF格式有压缩和非压缩两种形式，即便是压缩形式，也几乎属于无损压缩，可以充分保证图像质量。

- GIF。GIF是一种在网络上被广泛应用的图像文件格式，文件扩展名为.gif，其生成的文件很小，支持动画和透明效果，非常易于传播，但图像质量相对较差，只能支持256种颜色。

● PNG。PNG结合了TIFF和GIF的优点，具有压缩不失真、支持透明背景等特点，因此图像质量优于GIF，网络传播效率高于TIFF，其文件扩展名为.png。

不同的图像文件格式对图像的质量有直接影响，高质量的画面更加逼真和细腻，但图像文件也会更大，因此在选择图像文件格式时，应考虑图像的最终用途。例如，为了快速加载并显示出网页首图，可以选择一些质量相对较低但传输速度相对较快的图像文件格式。

2. 矢量图

矢量图，又叫向量图，也称为绘图图形，是由数学算法定义的图形元素，如直线和曲线等组成的数字图像，这些图形元素在计算机中可用数字表示。

矢量图可用点、线和面来描述图形，存储的是图像信息的轮廓部分，而不是图像的每个像素点，它们不需要用像素来表示，其质量不取决于分辨率。因此，矢量图生成的文件占用存储空间较小，文件大小只与图形复杂程度有关。一般图形越复杂，文件越大，并且无论放大、缩小或旋转矢量图都不会使其失真变模糊，如图2-2所示，但是其难以表现色彩层次。

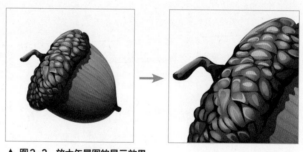

▲ 图2-2　放大矢量图的显示效果

一般情况下，矢量图只能靠软件生成，常见的文件格式有CDR、AI、EPS、DWG。

● CDR。CDR是矢量图形设计和排版软件CorelDraw的专用文件存储格式，其文件扩展名为.cdr。CDR文件在CorelDraw中能够以源文件的方式使用、编辑，常用于产品外包装图形、标签、海报的设计、排版等。

● AI。AI是矢量图形编辑软件Illustrator创建的原始矢量图形文件格式，其文件扩展名为.ai。AI文件可以包含文本、插图、图形和其他矢量图形元素，常用于创建需要高质量矢量图形的项目，如标志、海报、传单、包装的设计等。Photoshop也可打开AI文件，但打开后的图像是位图而非矢量图，并且背景层是透明的。

● EPS。EPS是一种在印刷行业和数字媒体中广泛使用的矢量图形文件格式，其文件扩展名为.eps，CorelDraw和Illustrator这两款矢量图形制作软件都可以导出EPS文件。

Photoshop也可以打开EPS文件，但打开后的图像是位图而非矢量图。

● DWG。DWG是计算机辅助设计软件Auto CAD的专用文件存储格式，其文件扩展名为.dwg。DWG是一种高效、稳定、可靠的文件格式，常用于建筑设计、工程设计、汽车设计等工业设计领域。

🔍 课堂讨论

位图和矢量图虽然都属于数字图像，但它们的概念、特点、使用场景不同。在计算机中，"图像"一般是指位图，"图形"一般是指矢量图，两者具有明显区别。请从组成元素、优缺点和常用处理软件等方面比较位图与矢量图，将结果填写至表2-1中。

表2-1 位图与矢量图的比较

数字图像类型	组成元素	优点	缺点	常用处理软件
位图				
矢量图				

2.1.3 数字图像的色彩模式

色彩在数字媒体技术领域具有十分重要的作用，在设计数字媒体作品时，色彩模式决定着图像文件显示和输出的效果，不同的色彩模式会产生不同级别的色彩细节和不同大小的图像文件。

1. 色彩

在黑暗中，人们看不到周围物体的形状和色彩，这是因为没有光。光是自然界中的一种物理现象，也是色彩的来源。对于地球来说，太阳是最大的光源，太阳给地球带来生命，同时也赋予世界丰富多样的色彩，如图2-3所示。而在不同光线条件下，人们会看到同一种景物具有各种不同的色彩，这是因为物体的表面具有

▲ 图2-3 太阳光照射形成的斑斓色彩

不同的吸收与反射光线的能力，反射的光线不同，眼睛就会看到不同的色彩。因此，色彩是光对人的眼睛和大脑发生作用的结果。

（1）色彩的分类

色彩主要分为无彩色和有彩色，无彩色是指黑色、白色及不同比例的黑白两色调和得到的不同深浅的灰色。

· 无彩色。无彩色包括黑白灰，按照一定的变化规律，可以将这3种色彩排成由白色渐变到浅灰、中灰、深灰再到黑色的系列，色度学上称此为黑白系列，如图2-4所示。

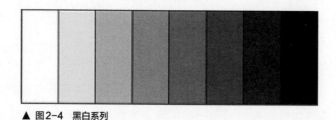

▲ 图2-4　黑白系列

· 有彩色。有彩色以红、橙、黄、绿、青、蓝、紫等光谱色（当一束白光照射在三棱镜上时，便会分解成7种色光，这7种色光的色彩叫作光谱色）为基本色，如图2-5所示，基本色相互混合，以及基本色与无彩色所混合形成的所有色彩都属于有彩色。

▲ 图2-5　红、橙、黄、绿、青、蓝、紫

（2）色彩三要素

色彩的种类成千上万，除了无彩色以外，任何有彩色均有色相（Hue）、明度（Lightness）和纯度（Purity）上的变化，以此来区别各种不同的色彩，人们称它们为色彩的三要素或三属性。掌握色彩三要素及三者之间的关系，是人们走进神秘、丰富的色彩世界的基础。

· 色相。色相又称色度，即色彩的相貌称谓，是色彩彼此之间相互区别的首要特征。人们对于色彩的第一感知往往就是从色相开始的。在可见光谱中，红、橙、黄、绿、蓝、紫等每一种色相都有自己的波长与频率，它们从短到长按序排列，既有秩序又和谐，这种秩序可以色相环的形式体现。

知识拓展

色相环及色彩关系与搭配

· 明度。明度是指色彩的明暗程度，明暗程度受光线强弱影响。任何色彩（无彩色只有明度属性）都存在明暗变化，可以表现物体的立体感与空间感。色彩的明度有两种情况。一是同一色彩的不同明度。如同一色彩在强光照射下显得明亮，在弱光照射下显得灰暗模糊；同一色彩加黑或加白调合以后也能产生各种不同的明暗层次，如以橙色为基本色，其明度变化效果如图2-6所示。二是各种色彩的不同明度。在无彩色中，白色明度较高，黑色明度较低，中间存在一个从亮到暗的灰色系列。在有彩色中，任何一种纯色都有着自己的明度特征。例如，黄色明度较高，蓝紫色明度较低，红、绿色为中间明度。

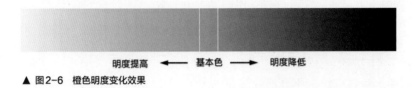

明度提高 ← 基本色 → 明度降低

▲ 图2-6　橙色明度变化效果

● 纯度。色彩的纯度是指色彩中所包含的某色的比例，也称饱和度、彩度、鲜度等。含有色成分的比例越大，则色彩的纯度越高；含有色成分的比例越小，则色彩的纯度越低，图2-7所示为不同色彩的纯度变化效果。不仅同一色相的色彩有纯度高低之分，不同色相色彩的纯

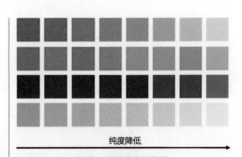

纯度降低

▲ 图2-7　不同色彩的纯度变化效果

度也有高低之分，例如，纯度最高的色彩是红色，黄色纯度也较高，绿色的纯度则较低。

技术讲堂

　　色彩的明度变化往往会影响到纯度，对于有彩色，倘若加入无彩色的任何一色，不论明度提高或降低，色彩的纯度均会下降。例如，当绿色混入白色时，明度提高的同时，纯度降低，使绿色成为淡绿色；当绿色混入黑色时，明度降低的同时，纯度也降低，使绿色成为暗绿色。即使绿色混入同明度的中性灰，绿色的明度虽无改变，但纯度仍然会降低，使绿色成为灰绿色。

2. 色彩模式

　　色彩模式是数字领域展示色彩的一种算法，从传统色彩到如今的数字色彩，Photoshop、CorelDraw等图形图像处理软件，在图形设计、宣传品印刷中被广泛应用，它们在展示色彩时，常用的色彩模式有RGB模式、CMYK模式、Lab 模式和HSB模式。

　　（1）RGB模式

　　RGB模式的配色原理是加色混合，通过色光三原色（指通过混合能产生其他所有色彩的基本色光）红（R）、绿（G）、蓝（B）相互叠加得到各种色彩，如红、绿、蓝3色的等量混合色为白色，如图2-8所示。RGB模式为图

知识拓展

色彩混合

像中每一个像素的RGB分量分配一个0~255范围内的强度值，因此可以表示1670万余种色彩。例如，红色表示为（255，0，0），即R值为255，G值为0，B值为0；白色表示为（255，255，255）。RGB模式适用于显示器、投影仪、扫描仪等靠色光直接合成色彩的设备。

CMYK是彩色印刷时采用的一种色彩模式，利用颜料三原色（指通过混合能产生其他色彩的基本颜料）的配色原理，加上黑色油墨，共计4种色彩混合叠加，实现全彩印刷。青（Cyan，C）、品红（Magenta，M）、黄（Yellow，Y）分别是颜料三原色，如图2-9所示，它们是打印机、印刷机等印刷设备使用的标准色彩。理论上，C、M、Y 3色颜料的等量混合色为黑色，但由于颜料的化学成分和介质吸收等原因，C、M、Y 3色颜料经过混合后只能产生深棕色，不会产生真正的黑色，因此在打印时要多加一种黑色（Black，K），用以加重暗调、强调细节，弥补色彩误差，实现色彩的还原。CMYK模式的4色使用0%~100%的值，当4种色彩均为0%时，就会产生纯白色；当4种色彩均为100%时，则会得到纯黑色。

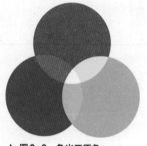

▲ 图2-8　色光三原色

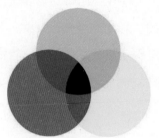

▲ 图2-9　颜料三原色

（2）CMYK模式

CMYK模式的配色原理是减色混合，颜料混合后有选择地吸收一些色彩的光线，并反射剩下的光线，反射的光线就形成人们看见的色彩。RGB模式是一种发光的色彩模式，人们在黑暗的房间内仍然可以看见屏幕上的内容；CMYK模式则是一种依靠反光的色彩模式，需要有外界光源，例如人们阅读印刷品上的内容，是依靠光源照射光线到印刷品上，再反射到人们的眼中完成的。

（3）Lab模式

Lab模式是计算机内部使用的最基本的色彩模式之一，也是一种色彩范围较广的色彩模式，包含RGB模式和CMYK模式中所有的色彩。Lab模式不依赖于光线，也不依赖于颜料，是与设备无关的色彩模式，无论使用什么设备（如显示器、打印机、扫描仪等）创建或输出Lab模式的图像，色彩效果都是一致的。因此，Lab模式可作为各种色彩模式之间相互转换的中间模式。Lab模式用一个亮度通道L和a、b两个色相通道来表示色彩。

其中 L 表示图像的亮度，取值范围为 0～100 之间的整数，L=50 时，就相当于 50% 的黑；a 表示从绿色到红色的变化，取值范围为 -128～127 之间的整数；b 表示从蓝色到黄色的变化，取值范围同样为 -128～127 之间的整数。Lab 模式中的所有色彩就由 L、a、b 这 3 个值的交互变化所形成。

（4）HSB 模式

HSB 模式又称 HSV 模式，是采用色彩的三要素来表示色彩，和 RGB 模式类似，也是用量化的形式，饱和度和亮度以百分比（0%～100%）表示，色度以角度（0°～360°）表示。HSB 模式为将自然色彩转换为计算机创建的色彩提供了一种直接方法。因此在进行图像色彩校正时，经常都会用到 HSB 模式进行饱和度、亮度、色度的设置。

2.2　数字图像处理关键技术

数字图像处理是指应用计算机来合成、变换已有的数字图像，从而产生一种新的效果，并把加工处理后的数字图像重新输出，使其满足视觉、心理以及其他要求。目前，大多数的图像以数字形式存储，因此，数字图像处理一般被简称为图像处理，或者说图像处理一般指的就是数字图像处理。数字图像处理也称计算机图像处理，因为图像处理的实现通常需要计算机软件的支持，也因此，了解数字图像处理技术是应用计算机支撑软件的需要。数字图像处理的关键技术包括图像增强技术、图像降噪技术等。

2.2.1　图像增强技术

若图像的视觉效果不佳，或在传输过程中导致图像质量降低，给后期的分析处理带来困难，就需要运用图像增强技术。图像增强是指处理退化的某些图像特征，如亮度、对比度等，以改善图像的视觉效果，提高图像的清晰度，或者突出图像中的某些"有用"信息，压缩其他"无用"信息，将图像转换为更适合人或机器分析处理的形式。图像增强技术有很多，本小节主要介绍灰度变换和直方图均衡化这两种。

1. 灰度变换

灰度变换是图像增强技术中非常基础、直接的一种，也是图像编辑软件的重要功能。所谓灰度变换，就是改变图像中每个像素点的灰度值，使处理后的图像对比度发生变化，实现图像增强的目的。

灰度变换主要分为两种情况，一种情况主要是通过增大图像暗色区域（低灰度区域）

各像素点的灰度值，使暗色区域变亮，同时扩大暗色区域的灰度级范围，从而增强暗色区域的对比，以增强图像中暗色区域的细节显示效果。例如，原图像暗色区域的灰度级范围是"1~35"，经过处理将暗色区域的灰度级范围扩展至"1~65"，这样就增强了暗色区域的对比。这种方法常用于修正曝光不足（太暗）的图像，如图2-10所示。

▲ 图2-10　修正曝光不足（太暗）的图像

另一种情况主要是通过降低图像亮色区域（高灰度区域）各像素点的灰度值，使亮色区域变暗，同时扩大亮色区域的灰度级范围，从而增强亮色区域的对比，以增强图像中亮色区域的细节显示效果。例如，原图像亮色区域的灰度级范围是"133~255"，经过处理将亮色区域的灰度级范围扩展至"65~255"，这样就增强了亮色区域的对比。这种方法用于修正曝光过度（太亮）的图像，如图2-11所示。

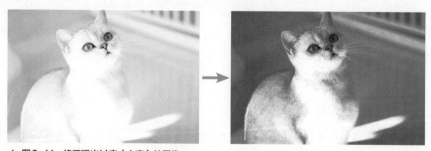

▲ 图2-11　修正曝光过度（太亮）的图像

技术讲堂　　　　灰度是用于描述灰度图像的，即灰度图像的亮度。其中，灰度级用于描述整幅图像的亮度层次，共分为256个级别；而灰度值用于描述图像中具体像素的亮度值，取值范围为0~255，其中黑色的灰度值为"0"，白色的灰度值为"255"，对应256个级别。而图像的对比度简单来说就是图像上较亮处与较暗处的亮度之比。一般，提高对比度，亮色区域更亮、暗色区域更暗，或者说黑色的区域更黑、白色的区域更白。图像具有高对比度意味着有相对较高的亮度和更容易呈现色彩的艳丽程度。

2. 直方图均衡化

直方图是一种统计数据分布情况的图表工具，它的两个坐标分别是统计样本和该样本对应某个属性的度量，如横坐标表示像素的灰度值，纵坐标表示每种灰度值像素的个数。简单来说，直方图均衡化就是通过运算变换，使直方图中每种灰度值像素的个数均匀分布。例如，原图像的直方图（见图2-12）中，灰度值为1、2、3、4、5、6的像素个数分别为100、500、1500、800、200、1200，处理后的直方图（见图2-13）中，灰度值为1、2、3、4、5、6的像素个数分别为750、600、650、700、800、800，这样每种灰度值像素的个数相差不大，图像灰度就实现了均衡化。

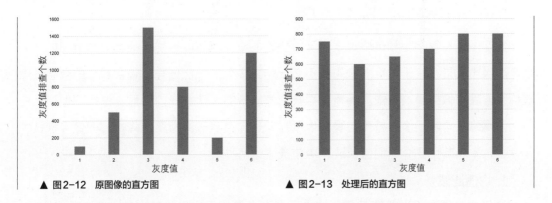

▲ 图2-12 原图像的直方图　　▲ 图2-13 处理后的直方图

通常这种方法不仅可以使图像的灰度均匀分布，也可以使图像色调更协调，还可以扩大图像的灰度级范围，提高图像整体对比度。图2-14所示为直方图均衡化前后的对比示例。

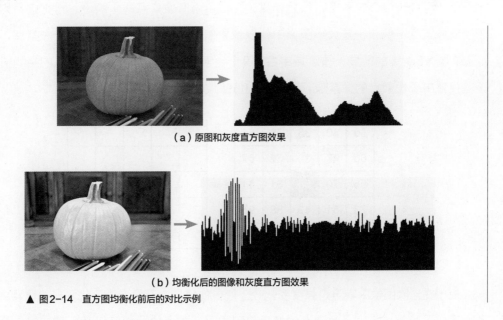

（a）原图和灰度直方图效果

（b）均衡化后的图像和灰度直方图效果

▲ 图2-14 直方图均衡化前后的对比示例

图像增强并不能增加图像中的信息，只能提高某种信息的辨识度，而且这种处理可能会使一些信息受损，甚至使图像失真。同时，图像增强一般用于处理灰度图像。这是因为在灰度图像中，每个像素都只有一个用来表示其灰度值的分量。而在彩色图像中，由于存在RGB分量，不能直接对每一个分量使用灰度增强，否则会导致色彩产生紊乱。要使用灰度增强的方法处理彩色图像，可以先将RGB模式转换为HSB模式，然后增强处理B（亮度）分量，完成处理后，再将HSB模式转换为RGB模式。

2.2.2 图像降噪技术

数字图像在数字化和传输过程中受成像设备或外部环境干扰等因素的影响可能产生噪声。噪声就是存在于数字图像中的不必要的或多余的干扰信号，包含噪声的数字图像被称为含噪图像或噪声图像。噪声是影响图像质量的因素之一，一般在进行图像增强处理之前需修正含噪图像，减少含噪图像所含噪声的过程被称为图像降噪。图像降噪技术非常多，本小节主要介绍均值滤波、中值滤波这两种。

1. 均值滤波

均值滤波是指用当前像素点邻域内所有像素点的平均值代替当前像素点的像素值。即以当前像素点为中心像素点，选择由该像素点及其附近的若干像素点组成的区域，该区域的宽度和高度一般是奇数，如3像素×3像素、5像素×5像素等，这样选择的当前像素点才可成为中心像素点，然后计算该区域中所有像素点的平均值，再把该平均值赋予当前像素点。例如，在数字图像中，以像素值为"56"的像素点为中心像素点，假设取3像素×3像素的区域，该区域中共有9个像素点，计算出这9个像素点的平均值，用该值代替中心像素点的像素值，这就是均值滤波，如图2-15所示。

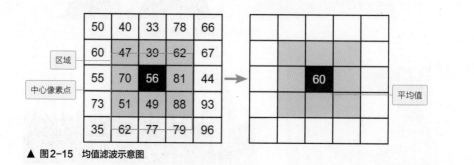

▲ 图2-15 均值滤波示意图

由于在含噪图像中噪声是强度变化较为明显的信号，而像素值变化明显的像素点反映了噪声信号，那么将每个像素点的像素值用周围像素点的平均值代替，其结果是使较小的像素值变大、较大的像素值变小，这样就可以使噪声信号强度的变化变得更平缓，也就减少了噪声的干扰。

2. 中值滤波

中值滤波是指用当前像素点邻域内所有像素点的中值代替当前像素点的像素值，使邻域内像素值差别较大的像素点，其像素值替换为与周围像素值接近的值，从而减少孤立（噪声在图像上常表现为引起较强视觉效果的孤立像素点或像素块）的噪声。

2.3 数字图像处理软件Photoshop的应用

Photoshop简称"PS"，是Adobe公司推出的一款专业图像处理软件，常用于图像处理与图像效果提升，是数字媒体技术信息处理系统必备的应用软件之一。在Photoshop中，无论是绘制图像，还是调整与修复图像，抑或是合成图像、提升图像效果，都可以轻松实现。Photoshop被广泛应用于平面设计、网页设计和界面设计等领域。

2.3.1 认识Photoshop

虽然Photoshop版本众多，但各版本的操作是基本相同的。下面以Photoshop 2021版为例，介绍Photoshop操作界面的构成。启动Photoshop后，创建文件或打开一个图像文件便可进入操作界面。Photoshop的操作界面主要由菜单栏、工具属性栏、标题栏、工具箱、图像编辑区和面板窗格等部分组成，如图2-16所示。

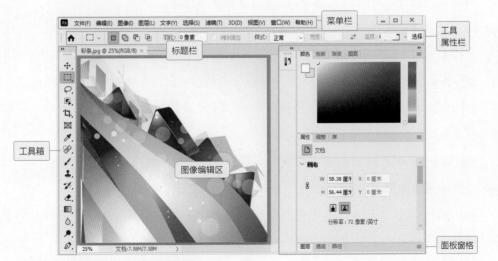

▲ 图2-16　Photoshop 2021的操作界面

- 菜单栏。菜单栏集合了Photoshop中的各种功能命令，单击相应的菜单项，便可在弹出的菜单中选择和使用相应的命令。

- 工具属性栏。当在工具箱中选择了一种工具后，工具属性栏中便会显示与该工具相关的参数和属性，适当调整这些参数和属性，就能让工具更符合使用需求。例如，选择画笔工具后，可以在工具属性栏中调整画笔大小、画笔样式、画笔硬度等。

- 标题栏。标题栏用于显示图像文件的名称、格式、缩放比例、色彩模式等信息。

- 工具箱。工具箱集合了Photoshop中所有的操作工具。工具按钮右下角有▄符号的，表示该工具处于工具组内，将鼠标指针移至具有▄符号的工具上，单击鼠标右键将展开工具组，显示组内其他工具，单击可选择所需工具。

- 图像编辑区。图像编辑区是用来显示、编辑和绘制图像的地方，是Photoshop的核心组成部分之一。

- 面板窗格。面板窗格中包含许多面板，不同面板的作用各不相同。例如，"历史记录"面板用于控制操作进度，"图层"面板用于管理图层，等等。在【窗口】菜单项中，可以根据需要显示或隐藏操作界面中的各个面板。

2.3.2　Photoshop的基本操作

掌握Photoshop的基本操作，如调整图像大小、创建和管理图层、创建选区、调整图像明暗等，有利于处理图像时熟练操作Photoshop，提升工作效率，并制作出精美的图像效果。

1. 调整图像大小

在处理图像时，可通过以下3种方式调整图像大小。

（1）使用【图像大小】命令

选择【图像】菜单中的【图像大小】命令，打开【图像大小】对话框，如图2-17所示，调整各选项参数，单击 确定 按钮完成调整。对话框中主要选项的作用如下。

- 【调整为】下拉列表。该下拉列表中提供了预设的图像大小比例，用户也可以载入预设或自定义大小。

- 【宽度】【高度】【分辨率】数值框。在数值框中输入数值可调整图像大小。

（2）使用【画布大小】命令

Photoshop默认画布大小与图像大小一致，选择【图像】菜单中的【画布大小】命令，打开【画布大小】对话框，如图2-18所示，调整各选项参数，单击 确定 按钮完成调整。对话框中主要选项的作用如下。

▲ 图2-17 【图像大小】对话框　　　　　　　　　　　▲ 图2-18 【图像大小】对话框

- 【当前大小】栏。用于显示当前图像中画布的实际大小。

- 【新建大小】栏。用于调整图像的【宽度】和【高度】。

（3）使用裁剪工具

选择裁剪工具 🔲 后，图像编辑区中将显示一个矩形区域，该区域为裁剪保留的区域，拖曳矩形区域四周的边框，可调节裁剪范围，按【Enter】键完成裁剪操作。

2. 创建和管理图层

图层可以看作是一张独立的透明胶片，完整的图像是由每张透明胶片上存在的内容按照顺序叠加起来构成的。创建和管理图层是处理图像时不可或缺的操作之一。

- 创建图层。选择【图层】菜单中的【新建图层】命令，或单击"图层"面板下方的【创建新图层】按钮 🔲，可创建新图层。

- 管理图层。在"图层"面板选择需要的图层后，按住鼠标左键并拖曳该图层，可以移动该图层的位置；选择【图层】菜单中的【复制图层】命令，或按【Ctrl＋J】组合键可复制该图层；选择【图层】菜单中的【删除】命令，或按【Delete】键可删除该图层。

3. 创建选区

选区是处理图像时划分的区域，创建选区后，选区边缘会出现由不断闪动的虚线构成的封闭边框，此时仅可以对选区内的区域进行编辑操作，而无法对选区外的区域进行编辑操作。运用选框、套索、选择工具组中的工具可快速创建选区。

- 选框工具组。选框工具组包括矩形选框工具 🔲、椭圆选框工具 ⭕、单行选框工具 ▬、单列选框工具 ▐。其中，矩形选框工具 🔲 用于创建规则的矩形选区，椭圆选框工具 ⭕ 用于创建规则的椭圆形选区，单行选框工具 ▬ 用于创建高度为1像素的水平矩形选区，单列选框工具 ▐ 用于创建宽度为1像素的竖直矩形选区。

- 套索工具组。套索工具组包括套索工具 ⌀、多边形套索工具 ⌀ 和磁性套索工具 ⌀。其中，套索工具 ⌀ 用于创建不规则选区；多边形套索工具 ⌀ 用于创建选区边界为直线的选区；磁性套索工具 ⌀ 用于自动捕捉图像中对比度较大区域的边缘，以此创建选区。

- 选择工具组。选择工具组包括对象选择工具 ⌀、快速选择工具 ⌀ 和魔棒工具 ⌀，其中，对象选择工具 ⌀ 可以自动识别框选区域的完整对象，并将其创建为选区；快速选择工具 ⌀ 可以快速选择指定区域，并将其创建为选区；魔棒工具 ⌀ 可以选取图像中色彩相同或色彩相近的区域，并将其创建为选区。

4. 调整图像明暗

Photoshop中提供了多种调整图像明暗的命令。

- 【色阶】命令。选择【图像】菜单中【调整】子菜单中的【色阶】命令，打开【色阶】对话框，其中的【输入色阶】栏显示该图像的直方图，是调整图像色彩的重要工具，如图2-19所示。直方图下方左侧黑色滑块为"调整阴影输入色阶"，用于调整图像的暗部；中间灰色滑块为"调整中间调输入色阶"，用于调整图像的中间色调；右侧白色滑块为"调整高光输入色阶"，用于调整图像的亮部。

- 【曲线】命令。选择【图像】菜单中【调整】子菜单中的【曲线】命令，打开【曲线】对话框，如图2-20所示。将鼠标指针移动至曲线上，单击可创建或删除一个调节点；按住鼠标左键并往上方拖曳调节点可调整图像的亮度，按住鼠标左键并往下方拖曳调节点可调整图像的对比度。

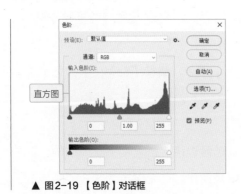

▲ 图2-19 【色阶】对话框   ▲ 图2-20 【曲线】对话框

- 【亮度/对比度】命令。选择【图像】菜单中【调整】子菜单中的【亮度/对比度】命令，打开【亮度/对比度】对话框，可设置亮度与对比度的参数。

- 【曝光度】命令。选择【图像】菜单中【调整】子菜单中的【曝光度】命令，打开【曝光度】对话框，可设置预设、曝光度、位移和灰度系数校正等参数来处理曝光不足的图像。

2.3.3　应用案例：制作家具网页横幅广告

本案例根据提供的图像文件制作家具网页横幅广告，用于宣传促销，需调整背景图亮度、输入文本，以及合成图像。

1. 调整背景图亮度

由于素材图像整体曝光过度，需要通过【亮度/对比度】命令降低素材图像的亮度，具体操作如下。

（1）启动Photoshop 2021，选择【文件】菜单中的【打开】命令，打开【打开】对话框，选择"背景.jpg"图像文件（配套资源：素材文件\第2章\背景.jpg），单击 打开(O) 按钮，如图2-21所示。

（2）打开图像，选择【图像】菜单中【调整】子菜单中的【亮度/对比度】命令，打开【亮度/对比度】对话框，在【亮度】数值框中输入"-20"，单击 确定 按钮，如图2-22所示。

▲ 图2-21　打开图像文件

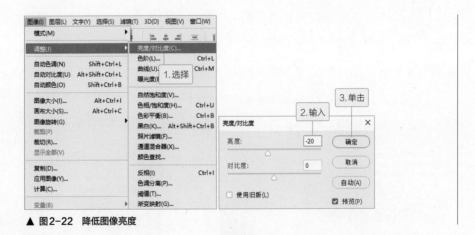

▲ 图2-22　降低图像亮度

（3）调整亮度的图像对比效果，如图2-23所示。

2. 输入文本

在图像中输入横幅广告的宣传促销主题（简约家具　新春大回馈）、优惠信息（满2000元减500元）和活动时间（活动时间：2月1日—2月7日）等文本，然后设置文本格式并调整其位置，具体操作如下。

原图　　　　　　　　　　　　　　降低亮度后的图像

▲ 图2-23　调整亮度的图像对比效果

（1）在工具箱中选择横排文字工具 **T**，在图像中单击定位插入点，此时"图层"面板中将自动创建"图层1"文本图层，如图2-24所示。

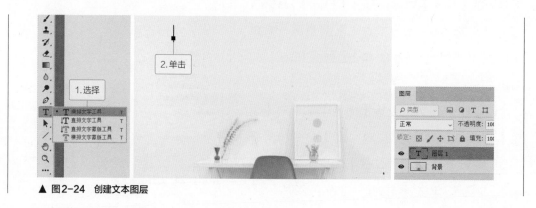

▲ 图2-24　创建文本图层

（2）输入"简约家具"文本，然后选择"简约家具"文本，在工具属性栏中将字体设置为"方正大标宋简体"，字号设置为"120点"，按【Enter】键确认设置，"图层1"文本图层的名称将自动更改为输入的"简约家具"，如图2-25所示。

（3）在工具箱中选择移动工具 ✛，将鼠标指针移动到"简约家具"文本上，按住鼠标左键，拖曳鼠标指针移动"简约家具"文本位置，如图2-26所示。

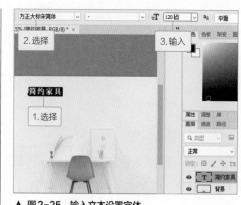

▲ 图2-25　输入文本设置字体　　　　　　▲ 图2-26　移动文本位置

（4）在"图层"面板中保持选择"简约家具"图层，在图层名称上单击鼠标右键，在弹出的快捷菜单中选择【复制图层】命令，打开【复制图层】对话框，单击 确定 按钮，如图2-27所示。

（5）复制图层后，利用移动工具➕，将该图层的文本内容移动至"背景"图层左侧，如图2-28所示。

▲ 图2-27 复制图层

▲ 图2-28 移动文本位置

（6）选择横排文字工具T，选择复制的文本图层，将文本修改为"新春大回馈 满2000元减500元 活动时间：2月1日-2月7日"，如图2-29所示。

（7）选择修改后的文本，在面板窗格中单击【属性】选项，在展开的"属性"面板中将字体设置为"方正精品楷体简体"，字号设置为"40点"，行距设置为"72点"，如图2-30所示。

▲ 图2-29 修改文本

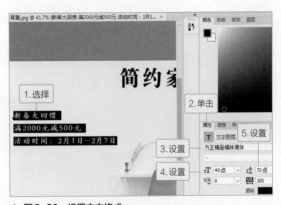

▲ 图2-30 设置文本格式

3. 合成图像

在"落地灯.jpg"图像文件中为"落地灯"对象创建选区，将其添加至"背景.jpg"图像文件中，调整位置后，将编辑后的"背景.jpg"图像文件以"家具网页横幅广告"的文件名存储为JPEG格式，具体操作如下。

（1）打开"落地灯.jpg"图像文件（配套资源：素材文件\第2章\落地灯.jpg），在工具箱中选择对象选择工具，在图像编辑区拖曳鼠标指针框选"落地灯"对象，如图2-31所示。

（2）释放鼠标左键，建立"落地灯"对象选区，如图2-32所示，按【Ctrl＋C】组合键复制对象。

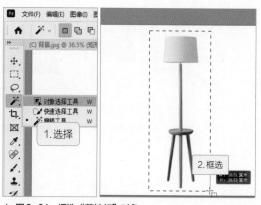

▲ 图2-31　框选"落地灯"对象

▲ 图2-32　建立"落地灯"对象选区

（3）在标题栏中单击【背景.jpg】选项卡，切换到该图像文件，按【Ctrl+V】组合键粘贴选区对象，粘贴选区对象后该图像文件中将自动新建"图层1"图层，选择移动工具，将选区对象移动到"背景"图层右侧，如图2-33所示。

▲ 图2-33　粘贴选区对象并调整其位置

> 🔔 **提示**
>
> 　　复制粘贴选区对象后，按【Ctrl+T】组合键进入编辑模式，按住【Shift】键并拖曳编辑框右下角的控制点可缩放该对象，按【Enter】键确认调整，退出编辑状态。

（4）按【Ctrl+S】组合键，打开【另存为】对话框，选择图像文件的保存位置，在

【保存类型】下拉列表中选择【JPEG（*.JPG;*.JPEG;*.JPE）】选项，在"文件名"文本框中输入"家具网页横幅广告"，单击 保存(S) 按钮，如图2-34所示。

（5）此时，将自动打开【JPEG选项】对话框，在其中可设置图像的品质，这里保持默认设置，单击 确定 按钮确认保存图像文件（配套资源：效果文件\第2章\家具网页横幅广告.jpg），如图2-35所示。

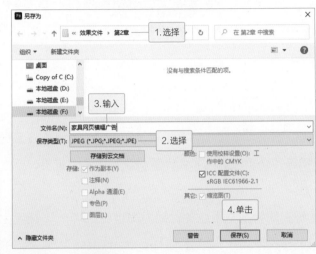

▲ 图2-34　保存图像文件　　　　　▲ 图2-35　设置图像的品质

2.4 计算机视觉

计算机视觉（Computer Vision）是计算机系统智能化研究的关键内容，是人工智能的重要分支，也是目前人工智能应用最为广泛的领域之一。计算机视觉的成果和意义非常重大，它使得计算机可以处理视觉信息，为人类生活带来更多便利。

2.4.1　计算机视觉的概念

计算机视觉是研究如何用计算机"看"世界的科学，简而言之，是研究用计算机代替人眼对目标进行识别、跟踪和测量等操作，并进一步做图像处理，用计算机将目标处理成为更适合人眼观察或传送给仪器检测的图像。

计算机视觉使用计算机及相关设备模拟了人类视觉系统，它的工作原理与人类视觉系统基本相同。形象地说，就是给计算机安装眼睛（摄像机）和大脑（算法），使计算机能够感知环境，分析和理解图像中相应场景的三维信息，完成人类视觉系统的任务。

47

例如，对于图2-36所示的草原上的长颈鹿图像，人能够轻易识别出图像中的对象，同时通过它们的体形和动作，可以推断或理解到这两只长颈鹿是一对母子，母亲正在轻抚孩子。但是在计算机中，图像上所有的物体都表现为从0到255的数字（像素的范围），让计算机也能像人一样能够识别和理解蕴含在图像中的语义信息，这就是计算机视觉要做的事情。

▲ 图2-36　草原上的长颈鹿

2.4.2　计算机视觉的发展与应用

计算机视觉是一门综合性的学科，它不仅依赖于计算机科学知识，同时还涉及工程学、生物学、物理学、数学和心理学等多个领域。为了让计算机学会"看"世界，全世界各个领域的研究者付出了诸多努力。

对计算机视觉的探索可追溯至研究动物视觉系统的时期。20世纪50年代，神经生理学家大卫·休伯尔（David Hubel）和托斯坦·维厄瑟尔（Torsten Wiesel）通过猫的视觉实验，发现了视觉通路中的信息分层处理机制，为视觉神经研究奠定了基础，促成了计算机视觉的突破性发展（神经网络是受到生物视觉的分层处理机制的启发，逐渐走向成熟的）。同一时期，计算机科学家罗素·基尔希（Russell Kirsch）和他的团队成员研制了一个小型数字图像扫描仪，并由此开发出为图像处理奠定基础的算法，为数字图像处理带来开端。

到了20世纪60年代，拉里·罗伯茨（Lawy Roberts）在《三维固体的机器感知》一文中将物体简化为几何形状来加以识别，只要提取出物体的形状，并加上空间描述，就可以像搭积木一样推理出任何复杂的三维场景，这开创了以理解三维场景为目的的计算机视觉研究。

20世纪70年代，麻省理工学院（Massachusetts Institute of Technology，MIT）的人工智能实验室在这一时期对计算机视觉的研究发展起到了积极的推动作用。一方面，它设置了计算机视觉课程；另一方面，它吸引了众多研究人员参与到计算机视觉的理论和实践研究中。20世纪80年代，大卫·马尔（David Marr）的《视觉》一书问世，更是标志着计算机视觉成了一门独立学科。《视觉》于1982年首次出版，概括了大卫·马尔1973—1977年在麻省理工学院的研究成果。在《视觉》一书中，大卫·马尔从心理学、生物学和计算机科学等领域汲取灵感，深入探讨了视觉信息处理的基本原理，将视觉信息处理分为了3个层次：计算理论、表征与算法、硬件实现。计算理论层关注视觉计算的目标是什么，表征与算法层关注完成计算理论的数学和计算表示及求解方法，硬件实现层研究如何在物理系统上实现算法。这种跨学科的分层方法不仅加深了我们对人类感知的理解，而且还构建了计算机视觉的理论框架，对神经科学、计算机视觉以及其他人工智能领域都产生了巨大影响。同一时期，1980年，日本科学家福岛邦彦（Kunihiko Fukushima）在大卫·休伯尔和托斯坦·维厄瑟尔研究的启发下，建立了第一个卷积神经网络（Convolutional Neural Networks，CNN）"Neocognitron"。

大卫·马尔的视觉计算理论提出后，学术界兴起了研究计算机视觉的热潮。但直到20世纪90年代，计算机视觉仍然没有得到大规模的应用，很多理论还处于实验室的水平，与商用要求相去甚远。人们也逐渐认识到在计算机视觉领域，以往通过创建三维模型重建对象等方法的尝试似乎过于复杂，于是有的研究人员开始试图从图像分割的方向入手进行研究，以此作为图像分类的第一步。

进入21世纪，随着机器学习的兴起，计算机视觉开始取得一些实际的应用进展。例如，保罗·比奥拉（Paul Viola）和迈克尔·琼斯（Michael Jones）等人利用Adaboost算法出色地完成了人脸的实时检测，并被富士通公司应用到商用产品中——一款具有实时人脸检测功能的相机。随后，HOG、DPM等特征提取算法被提出，计算机视觉的发展被逐步推向高潮。

2010年开始，深度学习在计算机视觉领域大放异彩，使计算机视觉取得长足发展。这不仅得益于计算机运算能力的提高，还得益于可供深度学习训练的大型数据集的建立，如PASCAL VOC、ImageNet、MS COCO等数据集。同时，一些极具影响力的计算机视觉类竞赛项目，如ILSVRC、Kaggle、AI Challenger、NeurIPS等，激励了全世界范围内的研究人员，从而催生了一个又一个优秀的深度学习模型。

总的来说，自从20世纪50年代开始，计算机视觉的研究发展经历了从二维图像到三维场景再到视频的不断探索，操作方法从构建三维向特征识别转变，算法从浅层神经网络到深度学习，数据的重要性逐渐被认知，计算机视觉的研究取得了许多重大成果。随着计算机性能和算法的不断提升，计算机视觉在实际生活中的应用越来越广泛，如人脸识别、自动驾驶、医学影像分析、农业生产、智能制造等。

- 人脸识别。人脸识别是计算机视觉的典型应用，它的基本原理是通过采集人脸图像，提取人脸特征，然后将这些特征与数据库中存储的人脸特征进行比对，从而识别人物身份。人脸识别的应用场景十分丰富，如门禁考勤、在线教育、支付转账、交通安检、城市安防等。图2-37所示为人脸识别在交通中的应用。

● 自动驾驶。自动驾驶是计算机视觉可以大显身手的领域，车辆可以利用视觉传感器识别周围的路况、障碍物等，进而自动决定行驶路线。这项技术已经在货运卡车、无人配送车等商用车辆上使用，但在私家车领域，自动驾驶只是辅助功能，驾驶员仍需坐在车里面。

● 医学影像分析。医学影像分析需要快速提取重要的图像数据，以便对患者进行正确诊断，然而人工读片存在主观性强、信息利用度不足、耗时多及知识经验的传承困难等问题。计算机视觉智能识别影像，能够为医生提供更多信息，也可完成病例筛查、智能分析诊断、辅助临床诊疗决策等工作。

● 农业生产。计算机视觉在农业生产方面的典型应用是收割机和洒水车的智能化使用，通过计算机视觉系统分析农作物位置，自动识别适合的路径并进行收割和灌溉等动作。此外，在除农场杂草时，计算机视觉可准确识别、定位杂草并进行针对性喷洒，不仅能节省除草剂，还能降低除草剂对农作物的影响。图2-38所示为无人机在农业灌溉施肥中的应用。

▲ 图2-37　人脸识别在交通中的应用

▲ 图2-38　无人机在农业灌溉施肥中的应用

● 智能制造。计算机视觉在制造业企业实现智能制造改革中起到了至关重要的作用，用于甄别物体特征、定位、测量并检测，在重复性工作中具有极高的速度、精度等，不仅有利于生产制造，对于设备的预测性维护也能起到重要的作用。

人才素养　计算机视觉是一门"高深"的、专业性极强的学科，我们不可能每个人都成为计算机视觉科学家，但我们可以做一个好"工人"、好"技师"，一丝不苟、脚踏实地钻研学问和技术，运用科学的思维求解问题。多看书、多动手、多实践，不断提高自己的专业水平，学会沉下心来慢慢地系统学习，最终才能有所收获。

2.4.3　图像处理与计算机视觉

图像处理和计算机视觉是两个相关但有所区别的领域。图像处理主要关注操作和优化图像本身，以改善图像的显示、存储或传输方式；计算机视觉则重点关注如何让计算机能够理解和分析图像或视频中的内容。相比图像处理，计算机视觉在技术方面处于更高的水平。

虽然图像处理和计算机视觉这两个领域关注的重点和目标不同，但是它们有很多技术和应用的交集。事实上，图像处理是计算机视觉使用到的技术之一。在深度学习还未成为计算机视觉的主流时，计算机视觉使用传统的图像处理和计算机视觉技术来解决问题。它通常包括以下几个主要环节。

- 图像预处理。对输入的图像进行必要的预处理，如提高亮度、对比度，降噪，等等。

- 特征提取。特征提取是计算机视觉技术中的关键环节之一，其目的是从输入的图像中提取出具有代表性的一个或多个特征，如色彩、纹理、边缘、形状特征等，并将这些特征数据用于后续的计算机视觉任务中。

- 推理预测。推理预测通常指推理、预测和判断图像内容，包括图像分割、目标检测等。图像分割依据图像中各区域的灰度、色彩、纹理等特征，将图像划分成不同区域，其目的是通过分割出某些区域的特征来识别目标，如根据区域的形状判别出某些区域是树木还是公路等，或是在分割出的区域中进行特征提取，再根据提取的特征或结构信息进行物体识别；而目标检测是找出图像中所有感兴趣的目标，确定它们的类别、位置、形状和大小。

- 输出结果。在经过推理预测的相关任务后输出结果。例如，在自动驾驶领域中，根据图像分割、目标检测，推理、判断摄像头拍摄到的道路情况（如有无障碍物、道路的宽窄）来做出车辆行驶决策，如加速、减速、避让等。

计算机视觉包括一系列重要任务，具体应用中可能会有不同的步骤和算法组合，不同的应用领域中也有各自特定的需求，需要针对具体问题设计相应的算法和系统。

2.4.4 深度学习与计算机视觉

2006年左右，杰弗里·欣顿（Geoffrey Hinton）首次提出深度置信网络（Deep Belief Network，DBN）的概念。他给多层神经网络相关的学习方法赋予了一个新名称"深度学习"（Deep Learning，DL）。随着深度学习的发展与应用，基于深度学习的计算机视觉成为主流。

知识拓展

深度学习分类

深度学习是机器学习（Machine Learning，ML）的分支，也是现有机器学习中较有效的一类方法。机器学习是专门研究计算机怎样模拟或实现人类的学习行为，以获取新的知识或技能的学科，它是实现人工智能的重要方法。

深度学习通过模拟人脑用多层神经元构成深度神经网络（"深度"对应着神经网络中众多的层），深度神经网络像人类大脑一样，可以使计算机能够像人类一样具有分析学习能力，能够识别文字、图像和音频等数据。与传统的为解决特定任务、硬编码的软件程序不同，深度学习是学习样本数据的内在规律，通过各种算法从数据中学习如何完成任务，就像人类认识世界一样，收集的信息越多，计算机对现实世界就会有更深刻的认识。例如，谷歌以深度学习开发的围棋程序阿尔法围棋（AlphaGo）先是学会了如何下围棋，然后通过不断地与自己下棋训练自己，以持续收集下棋策略信息，最终在比赛中击败人类顶尖职业围棋选手。由此可以看出，深度学习的实现离不开大数据、云计算等技术的迅猛发展。

在深度学习应用于计算机视觉之前，传统的计算机视觉特征提取主要靠人工完成，费时费力，并依赖于研究人员的专业知识。深度学习以深度神经网络为基础，能够自动提取图像特征（为了让深度神经网络更好地提取特征，研究人员通常需要使用大型数据库来训练深度神经网络识别和提取不同的特征），从而实现更准确、更高效的图像分析和理解，有效完成各种计算机视觉任务。深度神经网络的基本框架（或称模型）有深度置信网络、卷积神经网络等。

虽然深度学习在计算机视觉中的应用成效显著，但这并不代表成熟的传统计算机视觉技术已被淘汰。将传统计算机视觉和深度学习相结合的混合方法可以提高精度和通用性，同时节省资源和成本。

课堂实训

制作水彩装饰画

1. 实训背景

装饰画是一种把装饰功能与美学欣赏功能汇集在一起的装饰物。装饰画并不强调真实的光影效果，而是注重图像的表现形式和色彩的显示效果。本次实训将尝试将自己拍摄的风景照片，经过 Photoshop 进行基本处理后，再利用人工智能绘图软件生成水彩效果的装饰画。

2. 实训目标

（1）熟练掌握图像采集与传输的方法。

（2）通过Photoshop查看图像大小，梳理图像大小与图像尺寸、色彩深度的关系。

（3）理解图像增强的原理，将其运用到Photoshop的具体操作中。

（4）学会举一反三，结合图像处理的原理，掌握Photoshop的操作方法。

（5）体验人工智能的实际应用，探求计算机视觉和深度学习的原理。

3. 任务实施

（1）拍摄风景照片

使用数码相机或手机拍摄彩色的风景照片，然后通过数据线或QQ等即时通信工具将照片传输至计算机中保存，完成数字媒体素材的采集。

（2）使用Photoshop查看图像大小

使用Photoshop打开计算机中保存的风景照片，选择【图像】菜单中的【图像大小】命令，打开【图像大小】对话框，如图2-39所示。

▲ 图2-39 【图像大小】对话框

① 将【尺寸】选项调整为像素显示效果，然后根据图像大小，计算图像的色彩深度并在下方写出求解公式与过程。

② 在下方写出图像大小与图像尺寸、色彩深度的关系。

（3）使用Photoshop调整图像亮度

使用Photoshop调整图像亮度，由于是RGB模式的彩色图像，首先需将图像输出调整为HSB模式，再单独调整H（亮度）通道，保证色彩细节不被改变。操作提示如下。

① 选择【滤镜】菜单中【其他】子菜单中的【HSB/HSL】命令，打开【HSB/HSL参数】对话框，将图像改为HSB模式，如图2-40所示。

② 在"通道"面板中选择"蓝"通道（此时该通道对应亮度通道），选择【图像】菜单中【调整】子菜单中的【曲线】命令，打开【曲线】对话框，如图2-41所示。调整该对话框中的曲线可以提高图像亮度。

▲ 图2-40 调整色彩模式　　　　　　　　▲ 图2-41 【曲线】对话框

③ 调整亮度后，再次选择【滤镜】菜单中【其他】子菜单中的【HSB/HSL】命令打开【HSB/HSL参数】对话框，将图像恢复为RGB模式并保存图像。

（4）利用人工智能软件生成装饰画

① 打开"Vega AI创作平台"官方网站，在【图生图】选项卡中上传调整亮度后的风景照片并输入生成文案，如"水彩装饰画"，单击 生成 按钮，Vega AI将根据用户需求自动生成水彩装饰画，如图2-42所示。

▲ 图2-42 利用人工智能软件生成装饰画

② 通过观察原图与生成图像之间的细节变化，探求计算机视觉和深度学习在该案例中的应用原理。

本章小结

数字图像处理是最基础的数字媒体技术之一，其主要目的是增强图像视觉效果，关键技术包括图像增强技术、图像降噪技术等。

计算机视觉是研究如何用计算机"看"世界的科学，它的工作原理是让计算机能够感知环境，分析和理解图像中相应场景的三维信息，从而可以像人类视觉系统那样自动完成视觉任务。

图像处理和计算机视觉是两个相关但有所区别的领域，图像处理也是计算机视觉使用到的技术之一。概括而言，图像处理输入的是图像，输出的是图像，关注图像本身的操作和优化；而计算机视觉重点关注如何让计算机理解和分析图像或视频中的内容，输入的是图像，输出的是"知识"。两相比较，计算机视觉在技术方面处于更高的水平。而要实现计算机视觉的最终目标，通常需要使用更加高级的技术和算法，如卷积神经网络、深度置信网络等深度神经网络模型。基于深度学习的计算机视觉是目前的主流技术，在图像分割、目标检测等任务中有广泛的应用。同时，计算机视觉作为计算机系统智能化的关键环节，目前在人脸识别、农业生产和智能制造等领域发挥着巨大的作用。

课后习题

1. 单项选择题

（1）像素图即（　　）。

    A. 位图　　　　　　B. 直方图　　　　　　C. 矢量图　　　　　　D. 频谱图

（2）相同尺寸的图像，像素的个数越多，图像分辨率（　　）。

    A. 越低　　　　　　B. 越高　　　　　　C. 越暗　　　　　　D. 越亮

（3）一幅640像素 ×640像素、24位色彩深度的彩色图像，其文件大小为（　　）。

    A. 600KB　　　B. 1200KB　　　C. 2400KB　　　D. 4800KB

2. 多项选择题

（1）位图的常用图像文件格式有（　　）。

    A. BMP　　　　　　B. PNG　　　　　　C. CDR　　　　　　D. DWG

（2）下列选项，对于计算机视觉描述正确的是（　　）。

　　A. 计算机视觉输入为图像，输出也为图像

　　B. 计算机视觉的目标是使计算机具备理解和解释图像的能力

　　C. 深度学习是计算机视觉实现"看"世界的一种方法

　　D. 计算机视觉是目前实现计算机系统智能化的关键环节

3. 思考练习题

（1）列举两种数字图像的色彩模式并进行简要描述。

（2）简要说明图像处理与计算机视觉的区别与联系。

（3）你是如何理解卷积神经网络的？它是如何完成计算机视觉的任务的？

（4）优化风景照片（配套资源：素材文件\第2章\风景.jpg）的亮度和色彩，处理风景照片前后的对比效果如图2-43所示（配套资源：效果文件\第2章\风景效果.jpg）。

▲ 图2-43　处理风景照片前后的对比效果

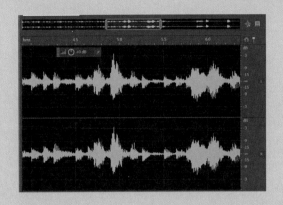

03

第3章 数字音频技术

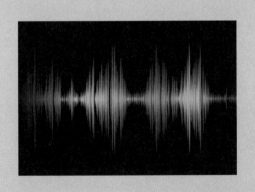

　　人类能够听到的所有声音都可以称为音频。在数字媒体中，音频可以提供更加生动和有趣的信息，使用户更加深入地了解展示的内容。数字音频技术改变了声音的生成、处理和使用方式，被广泛应用于音乐、广播电视、游戏、语音通信等领域，为用户提供了更丰富的听觉体验。

学习目标

1　了解声音、音频的概念，及它们的基本属性。

2　熟悉音频数字化的过程、数字音频技术指标、数字音频的数据量和数字音频的文件格式。

3　了解语音合成与识别技术的概念、实现原理、方法及应用。

4　掌握使用Audition处理音频的方法。

素养目标

1　针对数字媒体工作的特点，培养勤奋好学、吃苦耐劳的优良精神。

2　学会了解、分析数字媒体技术行业的发展前景，把握住新的机遇。

思维导图

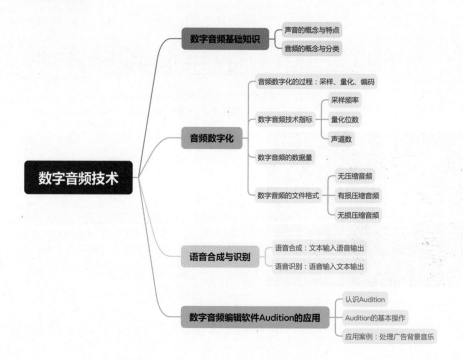

3.1 数字音频基础知识

数字音频技术是一种处理并传输和存储声音的技术。在学习数字音频技术前，需要首先了解声音和音频的基本知识。

3.1.1 声音的概念与特点

人从外部世界获取的信息中，约有20%是通过听觉获得的，所谓听觉即是听觉器官对声音特性的感觉。

1. 声音的概念

声音是由物体振动产生的声波（即声音信号），能通过介质（空气、固体或液体）传播并能被人或动物听觉器官所感知的波动现象。最初发出声波的物体叫声源，声波是声音的载体或传播形式。发声物体在一秒之内振动的次数称作声音的频率，用于反映声音信号每秒变化的次数，单位是赫兹（Hz）；发声物体振动的幅度称作声音的振幅，用于反映声音信号的强弱程度。

2. 声音的基本特征

声音具有3个基本特征，分别为音调、音强、音色，也常称为声音的三要素。

- 音调。音调即声音的高低，指一些声音比另一些声音高或低的性质，表示人耳对声音调子高低的主观感受。音调与声音的频率有关，频率越高，音调就越高。不同的声源有其特定的音调，如果改变了声源的音调，那么声音会发生质的转变，使人们无法辨别声源本来的面目。

- 音强。音强又称音量或响度，即声音的响亮程度。音强与声音的振幅成正比，振幅越大，声音就越响亮。

- 音色。音色是由于声波波形的不同所带来的一种声音的感觉特性。影响音色的因素是复音，所谓复音，是指具有不同频率和不同振幅的混合声音，自然声中大部分是复音。在复音中，最低频率是"基音"，它是声音的基调；其他频率的声音称为"泛音"或"谐音"。钢琴、提琴、笛子等各种乐器发出的声音不同，就是因为它们的音色不同。

3. 声音的传播特征

声音由声源振动产生，声源是一个振动源，它使周围的介质产生振动，并使声音以波的形式向四面八方传播。声音在不同的介质中传播，其传播速度有所不同（传播速度一般是固体>液体>气体，真空中没有能供声音传播的介质，因此声音不能在真空中传播），这也导致了声音在不同介质中传播的距离不同。

人耳先感觉到声源从介质传播过来的振动，再反映到大脑，才能听到声音。从声源直接到达人耳的声音是直达声，直达声的方向容易辨别。但是，在现实生活中，我们周围存在许多障碍物，声音从声源发出后，往往经过多次反射才能被人们听到，这就是反射声。当声源停止发声后，还有若干个声波混合持续一段时间（声源停止发声后仍然存在的声延续现象），这就是"混响"。声源、直达声与反射声的示意图如图3-1所示。

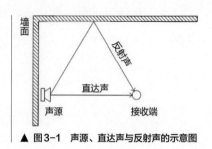

▲ 图3-1　声源、直达声与反射声的示意图

4. 声音的频率特征

不同的声音有不同的频率范围。人耳只能听到频率在20Hz～20kHz的声音，听不到低于20Hz和高于20kHz的声音。人的发声器官可以发出频率范围为80Hz～3400Hz的声音，但人们说话的声音信号频率范围通常为500Hz～3000Hz。

频率低于20Hz的声音称为次声波，次声波的特点是来源广、传播远、不易衰减，研究自然界中次声波的特性和产生机制，有助于预测自然灾害。同时，某些次声波的频率和人体器官的振动频率相近甚至相同，容易和人体器官产生共振，对人体有很强的伤害性。

频率范围高于20kHz的声音称为超声波，超声波具有很强的方向性，并且可以形成波束。利用这种特性，人们制造了超声波探测仪、超声波焊接设备等。

🔍 课堂讨论

在日常生活中，你听到的声音可通过哪些介质传播？声音是一种客观现象，但不同的人对同一种声音有不同的判断和感受，这是什么原因造成的？

3.1.2　音频的概念与分类

在了解声音的概念和特点后，继续了解音频的概念与分类，可以解释数字音频技术是处理声音，却被称为"数字音频技术"的原因。

音频是指人耳能够听到的频率范围在20Hz～20kHz的声音，即人类能够听到的所有声音都称为音频，包括噪声。音频根据不同属性，可分为模拟音频和数字音频。

模拟音频是以连续模拟信号的形式表示音频信号，模拟音频信号是无限连续的波形，它的变化是连续而平滑的。模拟音频信号的频率和振幅可以随着时间的变化而连续地发生变化，以产生音频效果。数字音频是离散的数字信号，这些数字信号可以通过计算机、数字信号处理器和其他数字设备进行存储、处理和传输。数字音频信号可以通过数模转换器（D/A 转换器）和数字信号处理技术重构成模拟音频信号，以产生高保真度的音频效果。

简单来说，模拟音频和数字音频是两种不同的保存、传输音频信号的方式。模拟音频是连续的波形信号，用于模拟原始声音，是可以被人耳直接听到的；而数字音频是数字信号，人耳直接听不到，其最终生成的音频效果是经过数模转换器和数字信号处理技术进行重构输出所得的。

相对于模拟音频，数字音频有诸多优点。其一，开发具有相当精度，且几乎不受环境变化影响的模拟信号处理硬件，难度大、成本高，而开发数字信号处理硬件更容易、成本更低。其二，涉及加工、修改、传输模拟信号等环节的每个操作步骤都有可能导致信号损失，最终到达输出端的音频质量可能大大降低，而处理数字信号是处理数字内容，处理过程不受传输距离的限制，可以进行高效处理，且能准确地重构原始的模拟音频信号，可靠性有保障。当然，处理数字音频的过程中可能会出现量化噪声和失真，但这些问题可以通过合适的数字信号处理技术进行解决。

3.2 音频数字化

音频数字化就是将模拟的（连续的）音频信号数字化（离散化）。把模拟信号通过模数转换器（A/D 转换器）转变成数字信号，用数字来表示模拟量，可实现精确的数学运算，不受时间和环境变化的影响，使音频易于用计算机软件处理。

3.2.1 音频数字化的过程

音频数字化的过程主要涉及对模拟信号的采样、量化和编码等基本环节。

1. 采样

采样是将模拟音频信号在时间上进行离散化处理，即每隔相等的一段时间在模拟音频信号波形曲线上采集一个信号样本。采样的时间间隔称为采样周期，采样得到的信号称为离散时间信号。

2. 量化

由于采样得到的信号的振幅值是无穷多个实数值中的一个，其幅度还是连续的，因此还要进行信号的量化。对信号进行量化操作即是对采样后的信号的振幅值的数目加以限定，进行离散化处理，量化后的信号称为离散幅度信号。例如，假设采样后的信号在电路中输入电压的范围是0V~0.9V，把它的取值限定为0、0.1、0.2……0.9共10个值。如果采样得到的振幅值是0.123V，它的取值计作0.1V；如果采样得到的振幅值是0.26V，它的取值计作0.3V。这些数值称为离散数值。把采样信号某一幅度范围内的电压用一个数字表示，就称为量化。此时，经过采样和量化得到的结果是由离散的数值序列所表示的信号。

3. 编码

编码一方面是将采样和量化后的数字音频信号以二进制形式和一定的数据格式表示，另一方面是采用一定的算法压缩数字数据以减少信号占用的存储空间和提高传输效率。音频数据压缩比越高，信息丢失越多，信号还原后失真越大。其中，音频数据压缩比=压缩后的音频数据/压缩前的音频数据。

3.2.2 数字音频技术指标

数字音频的技术指标主要有采样频率、量化位数和声道数，这3个指标是决定数字音频音质好坏的关键因素。

1. 采样频率

采样频率又称采样率、取样频率，它是指将模拟音频转换为数字音频时，每秒对音频信号的采样次数，单位是赫兹（Hz）。采样频率越高，则经过离散化的声波就越接近原始的音频波形，也就意味着音频的保真度越高，音质也越好，数据量也越大。根据奈奎斯特定理（奈奎斯特定理由美国物理学家哈利·奈奎斯特于1928年提出，是通信与信号处理学科中的一个重要基本结论），采样频率不低于声音信号最高频率的两倍，就可将以数字表达的声音还原成原始声音，这也叫作无损数字化。即假设模拟音频信号的最高频率为f，采样频率最低应选择$2f$。例如，电话语音信号最高频率为3.4kHz，根据奈奎斯特定理，采样频率要求不低于6.8kHz，通常按照8kHz计算。常用的音频采样频率有11.025kHz、22.05kHz、44.1kHz、48kHz等。

由于人耳能听到的频率范围是20Hz~20kHz，根据奈奎斯特定理，采样频率大于40kHz的音频格式都可以称为无损格式。

课堂讨论

11.025kHz、22.05kHz、44.1kHz、48kHz分别是哪些场景或应用中所使用的采样频率？

2. 量化位数

量化位数又称取样大小，它是指每个采样点能够表示的数据范围，即用多少位（bit，音译比特）二进制数来存储采样获得的数据。常用的量化位数有8位、16位和32位，如8位量化位数指用8位二进制数来存储数据，则可表示2^8，即256个不同的量化值；16位量化位数则可表示2^{16}，即65536个不同的量化值。量化位数的大小决定了音频的动态范围，即最高音频与最低音频之间的差值。量化位数越大，音质越好，数据量也越大。

3. 声道数

由于音频的采集和播放是可以叠加的，因此，可以同时从多个音源采集声音，并分别输出到不同的扬声器中，故声道数一般表示声音录制时的音源数量或播放时的扬声器数量。声道数是数字音频技术发展的重要标志，从单声道（只有一个音频）到双声道（又称立体声，有两个音频）再到多声道，声音的质量越来越好，但同时也提高了对存储空间和传输媒体设备的要求。

3.2.3 数字音频的数据量

数字音频的数据量，是指在磁盘上存储未经压缩的数字音频信号所需的字节数，即存储该数字音频文件所需的容量，采样频率和量化位数是影响数字音频的数据量的两个关键因素。数字音频的数据量计算公式如下：数字音频的数据量=采样频率×（量化位数/8）×声道数×声音持续时间。数字音频的比特率（比特率又称码率，是指每秒时间内传送的比特数，单位为bps或b/s）的计算公式如下：采样频率×量化位数×声道数。由此也可得：数字音频的数据量=（比特率/8）×声音持续时间。例如，一段5分钟的FM调频广播，采样频率为22.05kHz，量化位数为16位（即2字节），声道形式为双声道，其数据量为22.05（kHz）×16/8（B）×2×300（s）=26460kB≈25.9MB，比特率为22.05（kHz）×16（b）×2=705.6kbps。

提高采样频率和增加量化位数将使数字音频的数据量增加，给声音信号的存储与传输带来困难，这就需要在录制声音时在质量与数据量之间做出均衡选择。如果对音频质量要求不高，则可以通过降低采样频率、减少量化位数或利用单声道的方式来录制声音。

技能练习
　　用44.1kHz的采样频率采样模拟音频，每个采样点的量化位数选用16位，如果录制3分钟的单声道节目，其数字音频文件所需的存储容量是多少？如果录制3分钟的双声道节目，其数字音频文件所需的存储容量是多少？

3.2.4　数字音频的文件格式

存储声音数据需要设置文件格式，在各种数字设备上使用的音频文件格式很多，总体上，可以分为无压缩音频、有损压缩音频和无损压缩音频3类。

1. 无压缩音频

顾名思义，无压缩音频就是不经过压缩的音频文件，其优点是易于生成与编辑（采样量化后的信号直接转换成二进制数进行存储），但缺点是在保证音质的前提下，文件占用的存储空间较大。常见的无压缩音频格式有WAV和AIFF两种。

- WAV。WAV是Windows操作系统的标准无压缩音频文件格式，是最常见的音频文件格式之一，文件扩展名为.wav，几乎所有的音频处理软件都支持这种文件格式。

- AIFF。AIFF是苹果公司开发的一种音频文件格式，是苹果公司开发的macOS操作系统的标准无压缩音频文件格式，文件扩展名为.aif或.aiff，大部分的音频处理软件都支持这种文件格式。

2. 有损压缩音频

有损压缩音频是指压缩时删除部分音频信号（即损坏性的压缩），从而减少音频文件所需存储空间，便于存储和传输，但音质次于无压缩音频的音频文件。常见的有损压缩音频格式有MP3、WMA、AAC、OGG 4种。

- MP3。MP3是市面上较为常见的音频文件格式，文件扩展名为.mp3。它是利用人耳对高频声音信号不敏感的特性，对不同的频段使用不同的音频数据压缩比，对高频信号使用高音频数据压缩比（甚至忽略信号），对低频信号使用低音频数据压缩比，保证低音频部分不失真。其音频数据压缩比一般为1：10~1：12。

- WMA。WMA是微软公司开发的一种音频文件格式，文件扩展名为.wma。它以减少音频比特率但保持音质的方法来提高音频数据压缩比，其音频数据压缩比可达1：18，生成的文件所需的存储空间比MP3格式文件小很多。WMA支持证书加密，即未经许可，即使下载到本地也无法播放文件，因此广受唱片公司欢迎。

- AAC。AAC是在MP3格式基础上开发出来的，文件扩展名为.m4a。相较于MP3，AAC使用的压缩算法技术水平更高，比特率相同时，AAC的音质更佳，文件更小，其音频数据压缩比通常为1：18。但由于硬件要求相对较高，AAC目前在国内的使用率远不及MP3。

- OGG。OGG晚于MP3、AAC格式出现，是一种免费的开源音频格式，文件扩展名为.ogg。相较于MP3只支持双声道，OGG的出众之处是支持多声道，同时在文件较小的情况下可以保持更好的音质。

3. 无损压缩音频

无损压缩音频可以在完全保存源文件数据的基础上，将音频文件压缩得更小，同时能够无损还原压缩的音频文件，既能保证音质又减少了文件所需的存储空间。常见的无损压缩音频格式有 APE 和 FLAC 两种。

- APE。APE 格式文件由 Monkey's Audio 软件压缩 WAV 音频文件得到，文件扩展名为 .ape。通过 Monkey's Audio 软件解压后得到的文件与压缩前的源文件完全一致。
- FLAC。FLAC 是国际通用的无损压缩音频格式，支持大多数的操作系统，其文件扩展名为 .flac。FLAC 文件的音频数据压缩比略低于 APE 文件，但 FLAC 文件的压缩和解压速度优于 APE 文件。

3.3 语音合成与识别

人说话的声音信号频率范围通常为 500Hz ~ 3000Hz，人们把在该频率范围内的声音称为语音。语音合成和语音识别是实现人机语音交互，建立一个有听讲能力的口语系统所必需的两项关键技术。这种使计算机具有类似于人一样的说话能力的技术，也是当今时代信息产业的重要竞争领域。例如，百度地图语音导航、百度小度智能音箱、天猫精灵以及智能客服、手机语音助手等语音智能产品都综合应用了语音合成与识别技术。

3.3.1 语音合成

语音合成又称文语转换，它是将计算机自己产生的或外部输入的文字信息转变为拟人化的、高自然度的语音的输出技术。语音合成随着计算机技术和数字信号处理技术的发展而兴起，同时涉及声学、语言学等多个学科。

基于计算机的语音合成系统起源于 20 世纪 50 年代，在 20 世纪 60 年代至 20 世纪 70 年代后期，实用的英语语音合成系统首先被开发出来，时至今日，语音合成经历了各种各样的技术改进。早期的语音合成方法包括关节模拟合成、共振峰合成和拼接合成，总体上，合成语音的可懂度、清晰度能够达到较高的水平，但是合成语音的"机械味"较浓（即缺少自然的情感起伏），其自然度还不能达到用户广泛接受的程度。

随着统计机器学习的发展，20 世纪末，以隐马尔可夫模型（Hidden Markov Model，HMM）为代表的、基于统计参数的语音合成方法成为语音合成技术的主流。基于该方法的语音合成系统通常包括 3 个部分：文本分析模块、声学模型（参数预测模块）和声码器。语音合成的基本流程如图3-2所示。其中，文本分析模块作为语音合成系统的前端，主要利用自然语言处理（Natural Language Processing，NLP）技术提取文本的语言学特征，如音韵、词汇、语法、语义等，以帮助声学模型生成更准确的声学特征；声学模型从语言学特征中生成声学特征，如梅尔频谱，即将时域表示的语音信号转换为频域表示；声码器利用声学特征重建语音波形，将低维的声学特征映射到高维的语音波形，计算复杂度较高，因此波形恢复过程是提升语音合成系统效率的关键步骤之一。另外，由于声码器需要学习预测的信息量较大，也限制了最终的语音质量。

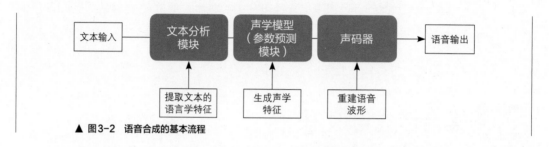

▲ 图3-2　语音合成的基本流程

基于统计参数合成的语音听上去更自然，数据运算量较之拼接合成也更少，但语音音质不是很好，仍具有较明显的机械感，很容易被人分辨出是合成的声音，同时系统相对复杂。

2010年左右，随着深度学习的发展应用，基于深度学习的语音合成方法被提出，其因提高了合成语音的质量，包括语音的清晰度和自然度，逐渐成为语音合成领域新的主流方法。较早的基于深度学习的语音合成方法，仍然遵循基于统计参数合成语音的系统结构，只是使用相应的基于深度学习的模型来升级了部分组件。为了解决传统语音合成的弊端和简化语音合成系统，研究人员研发了基于深度学习的"端到端"的语音合成系统。业界通常认为谷歌于2017年推出的Tacotron是首个真正意义上的端到端语音合成系统，它先将文本转换为频谱，然后通过波形生成模型WaveNet或者Griffin-Lim算法，将频谱转换成原始波形输出，与传统的语音合成相比简化了很多流程。除了Tacotron，类似的端到端模型还有Deep Voice 3、FastSpeech1、FastSpeech2等；百度在2018年开发了"完全"端到端模型ClariNet，可直接从输入的文本中生成语音波形并输出，实现了对整个语音合成系统的联合优化。除了ClariNet，类似的"完全"端到端模型还有FastSpeech 2s、Eats等。

发展至今，各种语言的语音合成系统相继被开发出来，现在的语音合成技术已经能基本实现任意文本的语音合成，能够产生更加自然流畅的合成语音，与人类语音的相似度逐渐提高，并走向大规模的商业化落地阶段。虽然语音生成技术已经取得了很大的进展，但仍然存在一些挑战：一是语音质量仍需进一步提高；二是解决多语种、多方言等问题，以满足不同用户的需求。

3.3.2 语音识别

语音识别是将语音信号转化为可理解文本形式的技术。它通过分析和处理输入的语音信号，将其转化为对应的文本输出，目的是使计算机能够"听懂"人在说什么，并做出相应的反应。

语音识别技术的研究发展几乎与语音合成技术的发展轨迹如出一辙。1952年，贝尔研究所研发了语音识别实验系统Audrey，这台机器能够识别10个英文数字发音。1960年，英国人彼得·德内斯（Peter Denes）等研制出了基于计算机的语音识别系统。之后，计算机技术的发展和应用推动着语音识别技术的发展。

概括而言，2010年之前，处于主流地位的是基于混合高斯-隐马尔科夫模型（GMM-HMM）的语音识别技术，该模型至今仍对语音和语言处理有着深远影响。通常，基于GMM-HMM的语音识别系统主要包括4个部分：特征提取模块、声学模型、语言模型、语音解码与搜索模块。语音识别的基本流程如图3-3所示。特征提取模块将语音信号从时域转换到频域，为声学模型提供合适的特征向量；声学模型通过语音数据进行训练，输入是特征向量，输出是音素信息；语言模型通过文本信息进行训练，得到单个字或词相互关联的概率；最后语音解码和搜索模块根据声学模型、语言模型和已有的字典，对词组序列进行解码，得到最有可能的文本表示。

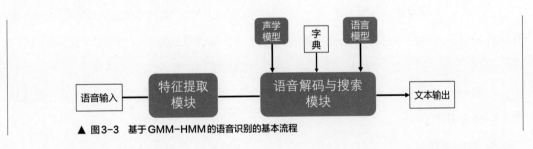

▲ 图3-3 基于GMM-HMM的语音识别的基本流程

2010年左右，基于深度学习的语音识别技术逐步得到应用。基于深度学习的语音识别技术的发展经历了3个阶段。第一阶段，仍然遵循基于GMM-HMM的系统结构，只是使用相应的基于深度学习的模型改进声学模型。第二阶段，脱离GMM-HMM的系统结构，引入"LSTM+CTC"（长短期记忆人工神经网络+连接时序分类器）训练模型，实现了"端到端"的框架，但实际使用中仍然会加上语言模型，以提升识别效果。第三阶段，实现完全的"端到端"，去除中间步骤和独立子任务，充分利用深度神经网络和并行计算的优势，取得最优结果，即由语音输入直接转换为文本输出，代表模型为Transformer。

我国的语音识别技术取得长足发展始于20世纪80年代，发展至今已处于世界先进行列，有着科大讯飞、出门问问、思必驰、云知声等一批具有较强研发能力和较高知名度的智能语音服务的互联网科技公司。

人才素养 在智能语音领域，我国涌现出众多知名专家，尽管语音识别技术的研究工作十分艰苦，但他们凭着勤奋好学、吃苦耐劳的优良精神，坚守着自己的工作岗位，并不断取得优秀的研究成果。如今，中文智能语音市场前景广阔，更为后来者和整个行业甚至人工智能领域提供了新的机遇。

3.4 数字音频编辑软件 Audition 的应用

Audition是Adobe公司推出的一款功能强大的专业音频处理软件，支持多音轨、多种音频格式、多种音频特效，可以进行录音、剪辑、音频合并等操作，并且提供带有纯净声音的混音效果。

3.4.1 认识 Audition

Audition从推出至今，已有众多版本，但各版本的操作方法基本相同。下面以Audition 2021版为例，介绍Audition操作界面的构成。启动Audition可直接进入操作界面。Audition的操作界面主要由菜单栏、工具栏和各种面板组成，各组成部分的作用与Photoshop 2021中对应组成部分的作用相似，这里主要介绍"编辑器"面板，如图3-4所示。

"编辑器"面板是用来显示和编辑音频的地方。编辑器有两种类型，分别是波形编辑器和多轨编辑器。

1. 波形编辑器

启动Audition，创建文件或打开一个音频文件，默认情况下，"编辑器"面板处于波形编辑器的状态，如图3-5所示，此时工具栏左侧的 田 波形 按钮呈蓝色状态。在波形编辑器中可以创建并编辑单个音频文件。需要注意的是，反相、反向、降噪、声音移除等功能只能在波形编辑器中使用。波形编辑器中部分工具的作用如下。

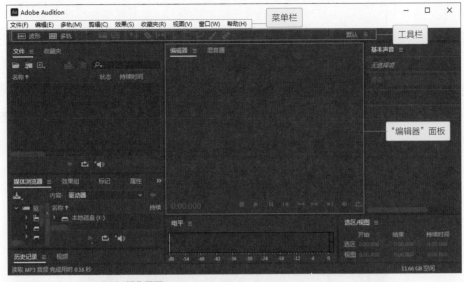

▲ 图3-4　Audition 2021操作界面

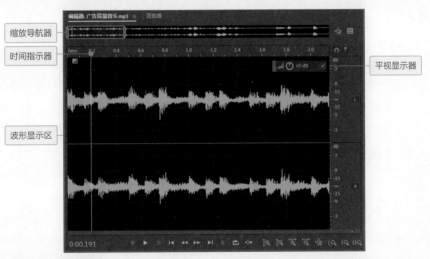

▲ 图3-5　波形编辑器

• 缩放导航器。该工具用于缩放和定位波形显示区中的波形对象。拖曳缩放导航器左右两侧的灰色矩形块可缩放波形；将鼠标指针移至缩放导航器上，鼠标指针将变为手形，此时拖曳缩放导航器，可以快速定位到需要显示的波形对象。

• 时间指示器。拖曳时间指示器可以定位波形，直接在波形显示区中单击也能实现相同操作。

• 平视显示器。平视显示器用于更改音频选区音量，在平视显示器中直接输入数值或单击【调整振幅】按钮，向左（或右）拖曳鼠标指针可改变振幅。

• 波形显示区。在该区域中，音频文件的内容将显示为具有一系列正负峰值的波形图像，图像分为上下两部分，上方显示左声道音频波形（L），下方显示右声道音频波形（R）。

2. 多轨编辑器

在工具栏左侧单击■ 多轨按钮，打开【新建多轨会话】对话框，设置会话名称、文件夹位置、采样率等参数，单击 确定 按钮，可进入创建的多轨编辑器中。多轨编辑器中包含多个音频轨道，每个轨道都可插入音频文件，如图3-6所示，可同时编辑多个音频文件，主要用于合成声音。双击某个轨道上的音频文件可进入该文件的波形编辑器，若想返回多轨编辑器，只需再次单击工具栏中的■ 多轨按钮。

▲ 图3-6 多轨编辑器

3.4.2 Audition的基本操作

Audition的基本操作包括新建、打开、保存与关闭音频文件，录制音频与降噪，选择音频，剪切、复制、裁剪、删除音频，以及淡化音频。

1. 新建、打开、保存、关闭音频文件

启动Audition后，选择【文件】菜单中的【新建】命令、【文件】菜单中的【打开】命令、【文件】菜单中的【保存】命令、【文件】菜单中的【关闭】命令，可执行新建、打开、保存、关闭音频文件操作。

2. 录制音频与降噪

在计算机上连接麦克风等音频输入设备，启动Audition，单击"编辑器"面板下方的【录制】按钮■，打开【新建音频文件】对话框，设置文件名、采样率、位深度（即量化位数）和声道参数，单击 确定 按钮，将进入录音状态，麦克风接收到的各种声音可转换为波形显示在"编辑器"面板中，录制完成后再次单击【录制】按钮■。录制

后的声音，可保存为不同格式的音频文件。

如果录制的音频文件中出现较多噪声，影响音频质量，可通过降噪来处理。其方法为：首先在"编辑器"面板选择该音频中的噪声波形，然后选择【效果】菜单中的【降噪/恢复】子菜单中的【降噪（处理）】命令，打开【效果-降噪】对话框，单击 捕捉噪声样本 按钮捕捉噪声样本信息，接着设置【降噪】和【降噪幅度】参数来确定降噪的强度和幅度，参数值不能设置得过高，否则会影响音频正常的内容，再依次单击 选择完整文件 按钮和 应用 按钮，如图3-7所示。

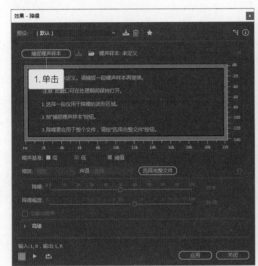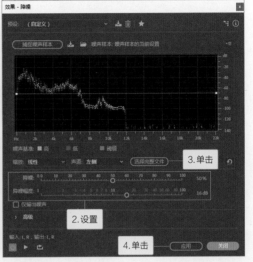

▲ 图3-7 降噪处理的过程

3. 选择音频

使用Audition处理音频文件时，往往需要先选择目标音频区域。单击工具栏中的时间选择工具，按住鼠标左键，在波形显示区中拖曳鼠标指针，便可选择需要的音频区域，如图3-8所示。

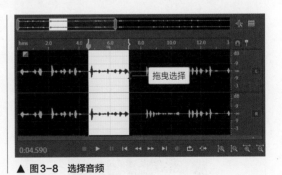

▲ 图3-8 选择音频

4. 剪切、复制、裁剪、删除音频

剪切、复制、删除、裁剪音频是较为常用的音频剪辑操作，下面分别介绍。

● 剪切音频。选择音频区域后，选择【编辑】菜单中的【剪切】命令，或按【Ctrl+X】组合键剪切音频，在波形显示区中单击定位目标，选择【编辑】菜单中的【粘贴】命令或按【Ctrl+V】组合键，便可将所选的音频区域剪切到目标位置。

● 复制音频。选择音频区域后，选择【编辑】菜单中的【复制】命令，或按【Ctrl+C】

组合键复制音频，在波形显示区中单击定位目标，选择【编辑】菜单中的【粘贴】命令或按【Ctrl+V】组合键，便可将所选的音频区域复制到目标位置。

- 裁剪音频。选择音频区域后，选择【编辑】菜单中的【裁剪】命令，或按【Ctrl+T】组合键，将保留选择的音频区域，删除未选择的其他区域。

- 删除音频。选择音频区域后，选择【编辑】菜单中的【删除】命令，或按【Delete】键可将其删除。

技能练习

打开"课件录音.mp3"素材文件（配套资源：素材文件\第3章\课件录音.mp3），按空格键播放音频内容，以便确定哪些地方需要删除，播放过程中再次按空格键可停止播放。首先删除第一句话结尾处的"呀"音频内容，对应起止时间为"0:02.615~0:02.818"；然后删除两个"那么"音频内容，对应起止时间分别为"0:26.548~0:27.194""0:32.249~0:32.838"；最后删除结尾处"今天要讲的一个内容"音频内容中的"一个"音频内容。完成后保存音频文件（配套资源：效果文件\第3章\课件录音.mp3）。

5. 淡化音频

淡化音频能够让音频产生淡入或淡出效果，使音频的开始和结束更加自然。利用"编辑器"面板中的【淡入】按钮和【淡出】按钮，就能轻松在波形编辑器中为音频创建线性淡化、余弦淡化，在多轨编辑器中还可创建对称淡化、交叉淡化。

- 线性淡化。沿水平方向拖曳【淡入】按钮或【淡出】按钮，可创建线性淡化，如图3-9所示。这种淡化类型适用于使大部分音频文件的音量均衡变化。

- 余弦淡化。按住【Ctrl】键并沿水平方向拖曳【淡入】按钮或【淡出】按钮，可创建余弦淡化，如图3-10所示。这种淡化类型能够使音频文件的音量产生先缓慢平稳，再快速变化，结束时再缓慢平稳的效果。

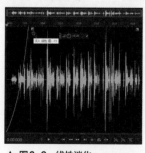

▲ 图3-9 线性淡化

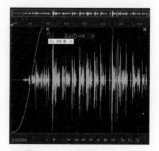

▲ 图3-10 余弦淡化

- 对称淡化。按住【Alt】键并沿水平方向拖曳【淡入】按钮或【淡出】按钮，可创建对称淡化，用于设置对称的淡入淡出效果，如图3-11所示。

- 交叉淡化。在多轨编辑器中将两段音频文件添加到同一音轨上，移动其中一个音频文件使它们重叠，重叠部分为过渡区域，该区域将自动创建交叉淡化。这种淡化类型可使同一音轨上的两段音频重叠后过渡得更自然。

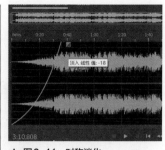

▲ 图3-11　对称淡化

3.4.3　应用案例：处理广告背景音乐

微课视频

制作广告背景音乐

某家具销售公司拍摄了一则宣传广告，现需要为该广告制作背景音乐，要求背景音乐内容既包括音乐，又包括该公司的宣传口号声音，具体操作如下。

（1）启动Audition，选择【文件】菜单中【导入】子菜单中的【文件】命令，打开【导入文件】对话框，选择素材文件（配套资源：素材文件\第3章\广告背景音乐素材\背景.wav、广告词.mp3、音效.mp3），单击 打开(O) 按钮，如图3-12所示，导入素材。

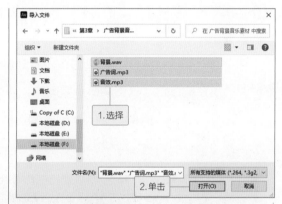

▲ 图3-12　导入素材

（2）选择【文件】菜单中【新建】子菜单中的【多轨会话】命令，打开【新建多轨会话】对话框，设置【会话名称】为"新建多轨会话"，设置【采样率】【位深度】【混合】参数为"48000""32（浮点）""立体声"，单击 确定 按钮，如图3-13所示。

（3）在"文件"面板中将"背景.wav"音频文件拖曳到多轨编辑器的"轨道1"上，释放鼠标左键将自动打开提示对话框，提示内容大致为

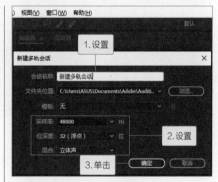

▲ 图3-13　新建多轨会话文件

由于采样率不匹配，可以根据多轨会话的采样率制作一个相同采样率的文件副本，单击 确定 按钮，如图3-14所示。

（4）按照与步骤（3）相同的方法将"广告词.mp3""音效.mp3"音频文件分别添加到多轨编辑器的"轨道2"和"轨道3"上，并允许制作相同采样率的文件副本。

（5）按住【Ctrl】键，在"文件"面板中同时选择原来的3个音频文件，单击鼠标右键，在弹出的快捷菜单中选择【关闭所选文件】命令，如图3-15所示。

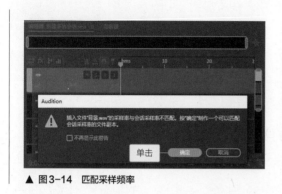

▲ 图3-14　匹配采样频率

▲ 图3-15　关闭所选文件

（6）单击工具栏中的移动工具，将多轨编辑器中的3个音频文件移至初始时间处对齐，接着将"轨道1"上的音频文件向右拖曳，使其不与其他轨道上的音频文件有重合的区域。

（7）将时间指示器移动到11秒的位置处，选择切断所选剪辑工具，将鼠标指针移到时间指示器的位置，单击切断音频文件，如图3-16所示。

（8）利用移动工具选择切断的音频区域，按【Delete】键删除，保留持续时间6秒的音频文件，如图3-17所示。

▲ 图3-16　切断音频

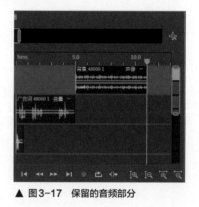

▲ 图3-17　保留的音频部分

（9）拖曳3个轨道上的音频文件，然后为"轨道1"上的音频文件添加"线性"淡出效果，位置如图3-18所示。

（10）选择【多轨】菜单中【将会话混音为新文件】子菜单中的【整个会话】命令，如图3-19所示，使多个轨道上的音频文件混音为新文件。

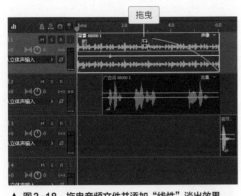

▲ 图3-18 拖曳音频文件并添加"线性"淡出效果

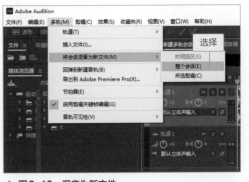

▲ 图3-19 混音为新文件

（11）选择【文件】菜单中的【保存】命令，打开【另存为】对话框，设置文件名为"广告背景音乐"，在【格式】下拉列表中选择"MP3音频（*.mp3）"选项，单击 确定 按钮完成音频文件的处理操作，如图3-20所示（配套资源：效果文件\第3章\广告背景音乐.mp3）。

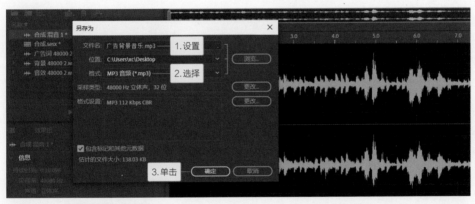

▲ 图3-20 保存处理后的音频文件

课堂实训

录制并处理介绍产品的音频文件

1. 实训背景

某公司推出一款床垫产品，并在其卖场开设了单独的展区。为了增强展区的宣传效果，公司将打造全方位的试听体验活动，在展区墙面铺设液晶屏幕，循环播放产品宣传广告，同时让整个展区循环播放与产品相关的解说音频，为消费者提供更好的购物体验。

本次实训首先根据素材文档通过Audition录制音频，然后利用Audition处理音频，最后体验语音识别的应用。

2. 实训目标

（1）熟练使用Audition录制音频。

（2）掌握Audition的基本操作，包括降噪、添加混响、淡化、合成设置等。

（3）充分理解音频数字化的相关知识，并将其运用到Audition处理音频的具体操作中。

（4）体验智能语音的实际应用，感受相关应用的智能化程度，探究智能语音需要改善提升的地方。

3. 任务实施

（1）录制产品解说音频

公司提供了产品解说的文档（配套资源：素材文件\第3章\产品解说素材\产品解说.txt），以此在Audition中录制产品解说音频。录制后的音频示例见"产品解说.wav"（配套资源：效果文件\第3章\产品解说.wav）。

（2）使用Audition处理产品解说音频

首先对录制的产品解说音频进行适当编辑处理，包括降噪、调整音量大小、添加混响和淡化等，使音频听起来更自然、舒适。然后将其他音频素材（配套资源：素材文件\第3章\产品解说素材\音乐.mp3、音效.mp3）与录制的音频进行合成，通过舒缓的背景音乐以及虫鸣鸟叫的自然环境音效，让音频效果更加自然、动听，最后将处理后的音频保存为MP3格式。步骤提示如下。

① 利用"降噪"功能去除"产品解说.wav"音频中的噪声。

② 利用平视显示器将"产品解说.wav"音频的音量增加"+6dB"。

③ 利用"混响/环绕声混响"效果为"产品解说.wav"音频应用"大厅"混响。

④ 创建多轨会话，将3个音频素材添加到不同的轨道上，并利用轨道控件将"音乐.mp3"音频所在轨道的音量增加到"10dB"。

⑤ 启用"对齐"功能，使3个音频素材左端位于轨道起始处，然后拖曳音频素材右侧边界，将两个更长的音频素材的右端对齐，且超出"产品解说.wav"音频大约5秒。为两个音频素材的超出部分添加"线性"淡出效果。

⑥ 试听整个多轨内容，确认无误后将其混音为新文件，然后保存为"产品解说音频.mp3"文件（配套资源：效果文件\第3章\产品解说音频.mp3）。

（3）体验智能语音的应用

① 搜索提供语音识别功能的软件、平台，如迅捷文字语音转换器（见图3-21）、百

度 AI 开放平台、阿里语音识别，将处理后的产品解说音频转换为文本，感受语音识别转换的速度、准确率及操作的便捷性。

▲ 图 3-21　迅捷文字语音转换器

② 利用迅捷文字语音转换器的"文字转语音"功能，输入宣传家乡特产的广告语文本，如"尽享中华特产，品味安心美食。""思杭土特产的好味道让您回味无穷！"，将文本转换为语音输出，感受语音合成的速度、准确率及合成声音的效果。

③ 打开手机的智能语音助手，如小米手机的"小爱"（图 3-22 所示为与小爱语音聊天的结果）、华为手机的"小艺"，然后与其进行语音交流，体验其智能化程度，并探讨智能语音助手仍需改善的地方。

▲ 图 3-22　与小爱语音聊天的结果

本章小结

数字音频技术是一种处理并传输和存储声音的技术。声音是由物体振动产生的，我们通常把人耳能听到的频率范围为20Hz～20kHz的声音称为音频，把人们说话的频率范围为500Hz～3000Hz的声音称为语音。

音频数字化，即将模拟音频信号转换为数字信号。音频数字化的过程主要包括采样、量化和编码3个环节。而衡量数字音频质量好坏的技术指标是采样频率、量化位数和声道数。采样频率和量化位数越高，声道数越多，数字音频的质量就越好，但相应也会增加数字音频的数据量，占用更大的存储空间。因此我们在处理和应用数字音频时，需要考量音频的文件大小和质量，做出合理取舍。

数字音频技术还可以借助Audition等音频处理软件处理和编辑音频，如录制、降噪、淡化等，以改变音频的声音效果。语音合成和语音识别则是数字音频技术更高水平的应用，是实现人机语音交互，建立具有听、讲能力的智能语音系统的两项关键技术。借助深度学习，语音合成与识别技术取得了长足的发展，智能语音也成为当今时代信息产业的重要竞争领域。

课后习题

1. 单项选择题

（1）声音的音量是指（　　）。

    A. 音调　　　　　B. 响亮程度　　　　　C. 音色　　　　　D. 音质

（2）从声源直接到达人类听觉器官的声音是（　　）。

    A. 直达声　　　　B. 反射声　　　　　C. 混响　　　　　D. 混音

（3）人耳不能听到的声音的频率范围是（　　）。

    A. 1Hz~20Hz　　　　　　　　　　B. 20Hz~300Hz

    C. 300Hz~3000Hz　　　　　　　　D. 3000Hz~20kHz

（4）将模拟音频信号在时间上进行离散化处理称为（　　）。

    A. 采样　　　　　B. 量化　　　　　C. 编码　　　　　D. 解压

（5）一段双声道的音频，量化位数为16位，采样频率为44.1KHz，该音频的比特率为（　　）。

A. 352.8kbps   B. 705.6kbps

C. 1411.2kbps   D. 2822.4kbps

2. 多项选择题

（1）声音的介质包括（   ）等。

A. 空气   B. 真空   C. 固体   D. 液体

（2）下面是有损压缩音频格式的有（   ）。

A. AAC   B. OGG   C. WAV   D. AIFF

（3）下面是无损压缩音频格式的有（   ）。

A. MP3   B. APE   C. WMA   D. FLAC

（4）影响数字音频数据量的因素包括（   ）。

A. 采样频率   B. 量化位数   C. 声音持续时间   D. 声道数

（5）基于统计参数的语音合成系统主要的构成组件有（   ）。

A. 文本分析模块   B. 声学模型（参数预测模块）

C. 编码器   D. 声码器

3. 思考练习题

（1）什么是声音、音频和语音？

（2）在将模拟音频信号数字化的过程中，如何提高音频质量？

（3）用图示分别描述语音合成和语音识别的过程。

（4）语音识别技术的应用场景有哪些？

（5）一段采样频率为44.1kHz、量化位数为32位的3分钟双声道的WAV音频，将其转化为MP3格式，音频数据压缩比为1∶10，转换后的MP3格式音频文件的数据量是多少？

（6）根据"宋词.txt"素材文件（配套资源：素材文件\第3章\宋词.txt），使用手机录制诗歌朗诵音频，然后上传至计算机中，接着利用Audition处理录制的音频，如降噪、添加适量的延迟效果等，使声音音质更好（配套资源：效果文件\第3章\宋词.txt）。

（7）在已有的背景音乐上，为其添加流水、鸟叫等大自然的声音（配套资源：素材文件\第3章\背景音乐素材\背景音乐.wav、流水.m4a、鸟叫.mp3），让背景音乐听起来更自然动听（配套资源：效果文件\第3章\背景音乐.mp3）。

04

第4章 数字视频技术

视频是携带信息较为丰富、表现力较强的一种媒体。以数字信号方式生成、获取、处理、传输视频的数字视频技术，大大提高了用户综合处理视频内容的效率，为用户带来了更高质量、更高效率的视频应用体验和更好的观看体验，被广泛应用于电视广播、可视电话、视频会议、视频监控、影视制作等领域，日益深刻地影响着人们的生活方式。

—— **学习目标**

1 了解数字视频的概念、特征、获取方法，数据量和常用文件格式。

2 掌握数字视频处理关键技术的基本知识与应用。

3 学会使用 Premiere 处理视频。

4 学会使用 After Effects 制作视频后期特效。

—— **素养目标**

1 能够及时了解和掌握最新的数字视频技术。

2 能够将数字视频技术理论与软件操作相结合。

3 理解数字媒体应用软件的共通性，学会举一反三。

—— **思维导图**

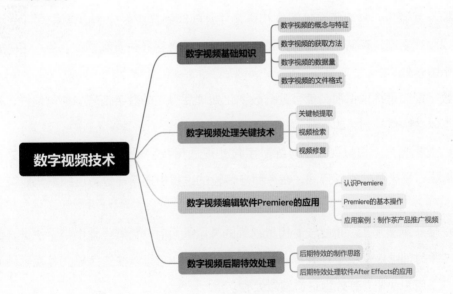

4.1 数字视频基础知识

在数字视频技术中，处理与应用的对象是数字视频。因此，在学习和掌握数字视频技术前，我们首先应了解数字视频的基础知识。

4.1.1 数字视频的概念与特征

视频包括视像和伴音两部分。视像是指随着时间连续变化的一组图像。当一幅幅图像（一幅静止的图像称为一帧）按照一定的速度播放时，由于人眼的视觉暂留现象，就会产生动态画面效果，这就是所谓的视像，又称运动图像或活动图像。伴音则是指伴随视像同步出现的声音信号。由于伴音处于辅助地位，且在技术上视像和伴音是同步合并在一起的，因此一般将视像等同于视频。在实际中用到"视频"这个概念时，是否包含伴音应视具体情况而言。

知识拓展

视觉暂留现象

视频根据不同属性，可分为模拟视频和数字视频。

模拟视频是一种用于传输图像和声音并且随时间连续变化的电信号。模拟视频在复制、存储、传输等方面存在不足，信号容易失真和损失，且不利于编辑处理。

知识拓展

模拟视频及其制式

数字视频是将模拟视频信号进行数字化处理后得到的数字信号。简单地说，数字视频是指以数字信号记录的视频信息，其具有以下特点。

● 数据量大。模拟视频信号经数字化处理后用数字记录一组图像，其数据容量巨大，需要占据大量的磁盘空间，在存储与传输的过程中通常需进行压缩编码以减少数据容量。

● 便于编辑加工。重复观看模拟视频的某段画面时，需不停地倒带、快进，编辑时也需按照时间顺序从头至尾进行。数字视频则不同，它可以快速完成任意视频画面的定位，方便用户快速、高效地进行编辑处理。

● 存储可靠性较高。数字视频可以不失真地反复复制，而模拟视频信号每转录一次就会有一次误差积累，产生信号失真。由于模拟视频信号会随着时间的推移减弱，所以模拟视频长时间存放后质量会降低，而数字视频以数字信号方式存储，可以长时间存放而不受影响、没有任何失真。

● 传输效率较高。数字视频与其他数字设备适配度高，在各类通信信道和网络上进行传输时，不受距离限制，不易受干扰。

日常生活中，你见过的数字视频有哪些？

4.1.2 数字视频的获取方法

随着数字视频技术的发展，数字视频的来源渠道变得十分广阔，常用的获取方法有拍摄法、视频卡采集法、网络下载法、软件制作法。

1. 拍摄法

拍摄法指通过手机、数码相机或数码摄像机等设备的摄像功能，将对象拍摄成数字视频，然后通过数据连接线将手机、数码相机或数码摄像机与计算机相连，将数字视频文件传输到计算机中。图4-1所示为使用数码摄像机拍摄数字视频的场景。

▲ 图4-1　使用数码摄像机拍摄数字视频的场景

2. 视频卡采集法

视频卡也叫视频采集卡，它是一种基于计算机处理媒体信号的硬件设备。视频卡可以将输出的视频数据转换成数字视频并存储到计算机中。

3. 网络下载法

网络下载法是指在提供视频素材资源的网站上下载数字视频，但需要注意，下载使用前应获取数字视频的使用权限。

4. 软件制作法

软件制作法，一是指可以利用Premiere、会声会影等视频处理软件制作和处理数字视频；二是指可以通过Animate、Toon Boom等动画制作软件将动画转换成数字视频；三是指可以利用Camtasia Studio、SnagIt、爱拍录屏等录屏软件，来录制计算机屏幕上的各种内容。另外，Windows操作系统也自带录屏功能，常用于操作教程的制作。下面是在Windows 10操作系统中，使用自带的录屏功能录制打开控制面板【程序和功能】窗口的过程，具体操作如下。

（1）单击桌面左下角的⊞按钮，打开【开始菜单】快捷菜单，在其左侧单击【设置】按钮⚙，打开【Windows设置】窗口，单击【游戏】选项，如图4-2所示。

（2）在【游戏】页面中单击⚪ 关按钮开启录屏功能，此时⚪ 关按钮显示为⚫ 开样式，如图4-3所示。

微课视频

使用Windows操作系统自带的录屏功能录制视频

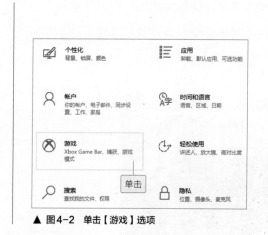

▲ 图4-2　单击【游戏】选项

▲ 图4-3　开启录屏功能

🔔 提示

　　Windows 10操作系统自带的录屏功能不能录制系统桌面和【此电脑】窗口，只能录制应用程序的窗口。

（3）打开需要录屏的界面，这里打开【控制面板】窗口，按【Win+Alt+G】组合键打开录屏软件的【捕获】窗口，单击【开始录制】按钮●或按【Win+Alt+R】组合键开始录制，如图4-4所示。此时在界面右上方会出现录制操控面板，同步显示了录屏的时间，如图4-5所示。单击【打开麦克风】按钮🎤，可打开麦克风同步录制声音。

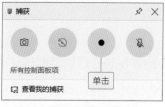

▲ 图4-4　单击"开始录制"按钮

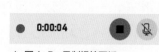

▲ 图4-5　录制操控面板

（4）在【控制面板】窗口中单击【程序和功能】超链接，打开【程序和功能】窗口。操作完成后，在录制操控面板中单击【停止录制】按钮⬛停止录制，录屏软件自动保存录屏文件。

（5）按【Win+Alt+G】组合键再次打开【捕获】窗口，单击【查看我的捕获】按钮🗗，在打开的窗口中可查看录屏文件的效果，如图4-6所示。

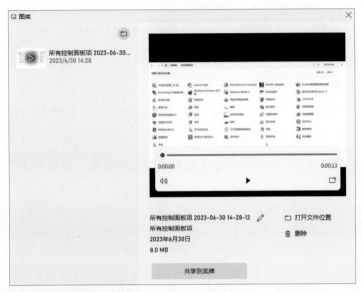

▲ 图4-6　查看录屏文件的效果

技能练习

　　1. 使用数码相机（或手机）拍摄一段高质量的自然风景视频，然后将拍摄的视频传输到计算机上进行查看。拍摄时一方面要注意画面的美感，另一方面要防止画面抖动。
　　2. 通过互联网搜索并下载一段3分钟左右的自然风景视频并保存到计算机中。
　　3. 使用Windows操作系统自带的录屏功能，或在计算机中安装录屏软件，录制自己在互联网中搜索并下载自然风景视频的过程。

4.1.3　数字视频的数据量

　　数字视频的数据量是指在磁盘上存储数字视频所需的字节数。未经压缩的数字视频的数据量计算公式为：数据量=视频分辨率×（色彩深度/8）×帧率×视频持续时间。

　　其中，视频分辨率、色彩深度、帧率的含义如下。

　　● 视频分辨率。视频分辨率是指视频的画面大小，即视频图像中水平方向的像素数×垂直方向的像素数。数字视频常见的分辨率有720P（1280像素×720像素）、1080P（1920

像素×1080像素）等，720P、1080P都属于高清视频的格式。另外，720P、1080P中的"P"是"Progressive Scanning"的缩写，意思是逐行扫描。逐行扫描是显示设备（如计算机显示器）扫描视频的方式，用于显示视频画面，现在的高清视频一般都采用逐行扫描方式成像。

● 色彩深度。与数字图像技术中的"色彩深度"是同一个概念，表示视频图像中记录每个像素所用的二进制数位数。在数字视频技术中，常用的色彩深度是24位。

● 帧率。帧率（fps）指视频中每秒出现图像的数量，数字视频常见的帧率有25fps、30fps、60fps等。一般，要产生视觉暂留现象，帧率应达到10fps左右；要产生连续、平滑的视频播放效果，帧率则不得低于25fps，低于这个水平，视频播放可能出现卡顿。

例如，一段3分钟的720P高清视频，帧率为60fps、色彩深度为24位，其未经压缩的数据量为：1280（PX）×720（PX）×24/8（B）×60（fps）×180（s）≈15.66GB。由此可见，视频的数据量是非常大的，为了便于存储和传输，视频一般都要进行压缩处理。

🔍 课堂讨论

2K、4K的视频分辨率的含义是什么？它们用像素表示的分辨率大小是多少？

4.1.4　数字视频的文件格式

数字视频可用不同的格式存储，形成不同存储格式的视频文件。数字视频常见的文件格式有MP4、MOV、AVI、WMV等。

● MP4。MP4是运动图像专家组（Moving Picture Experts Group，MPEG）根据其制定的压缩标准MPEG-4设计的一种视频文件格式，其文件扩展名为.mp4。MP4格式采用先进的压缩标准，既保证了画面的清晰度，也有效地降低了文件大小，是目前最常用的数字视频文件格式之一，被广泛应用于数字电视、DVD、网络视频传输等领域，可以在多种操作系统和设备上使用。

● MOV。MOV即QuickTime影片格式，是美国苹果公司推出的一种视频文件格式，其文件扩展名为.mov，默认的播放器是苹果公司的推出的QuickTime Player。MOV格式广泛应用于苹果公司的macOS操作系统，也支持在Windows操作系统上使用，有较高的压缩比（指压缩后的视频数据与压缩前的视频数据之比）和较好的视频清晰度。

● AVI。AVI是微软公司推出的一种视频文件格式，其文件扩展名为.avi。AVI格式的优点是视频清晰度好，可以跨操作系统和应用软件使用，但缺点是数据量较大。

● WMV。WMV是微软公司推出的一种视频文件格式，其文件扩展名为 .wmv。WMV格式具有高压缩比的特点，可以实现在较小的硬盘空间中存储高质量的视频。

数字视频的文件格式涵盖了多种多样的技术，不同格式的视频文件有各自的优点和适用场景。在数字视频技术的应用过程中，我们需要选择符合需求的文件格式，从而实现较佳的播放效果和用户体验。随着数字技术的不断发展，数字视频的文件格式也将会不断涌现和更新，我们有必要及时了解和掌握最新的数字视频技术，从而更好地应对数字时代的挑战。

4.2 数字视频处理关键技术

数字视频处理技术用以提高视频的质量、增强视觉效果，或者提取有用的信息。其关键技术包括关键帧提取、视频检索、视频修复等。

4.2.1 关键帧提取

信息化时代，互联网上的数据量十分庞大，能否快速检索到需要的视频，成为用户日益关注的问题。在数字视频中，可以有效概括视频主要内容的一帧图像，称为视频的关键帧，关键帧好比文章的关键词。关键帧提取对基于内容的视频检索具有重要作用，可以有效减少视频检索的时间和提高检索的精确度，让用户快速找到所需视频。在实际应用中，关键帧提取的方法一般分为以下 4 类。

● 基于镜头边界提取关键帧。该方法首先将视频分割成若干个镜头（镜头是指摄像机拍摄的不间断帧序列，一个镜头中包含多个帧，一个镜头中每帧的特征基本保持稳定，如果相邻帧之间特征发生了明显变化，则认为是发生了镜头变换），然后将每个镜头中的第一帧、中间帧、最后一帧中的任意一帧或两帧作为关键帧，或者三帧都作为关键帧。该方法简单易行、效率高，适用于场景固定或内容简单的镜头，否则就会导致提取的关键帧代表性不强。

● 基于视频信息提取关键帧。该方法根据视频每一帧的形状、色彩、纹理等特征的变化提取关键帧。提取时，通常先把第一帧作为关键帧，也作为参考帧，然后将参考帧与剩余帧比较，如果某一帧的特征数据变化大于设定的某一值，就将这一帧再选为关键帧并作为参考帧进行比较，以此操作直到结束。该方法可以根据视频内容变化的不同程度，灵活地提取特定数量的关键帧，但也容易导致提取的关键帧数量过多，从而产生多余信息。

- 基于运动分析提取关键帧。该方法是通过比较视频中帧与帧之间的运动量，将运动量少的帧提取为关键帧，这里的运动量实际指的是摄像机的运动范围。例如，一些视频中，拍摄重要人物时摄像机会停留更长时间（即摄像机运动范围更小），而拍摄非重要人物往往一扫而过，因此包含重要人物的那一帧运动量更少，可作为关键帧。这种方法可以针对不同结构的镜头提取数量合适的关键帧，但运算较复杂。

- 基于聚类分析提取关键帧。聚类是指把相似的数据划分到一起，可以理解为给类似对象分类。该方法根据视频中帧与帧的相似度进行分类，然后依次从每个类别中选取一帧作为关键帧。该方法提取的关键帧代表性较强，但运算复杂，效率不高。

4.2.2　视频检索

视频检索可以理解为搜索所需的视频，其应用场景很丰富，如在搜索引擎中搜索视频资料、在各种视频网站中搜索影视节目、观看网络电视时搜索网络视频资源等。用于视频检索的方法包括基于文本的视频检索、基于内容的视频检索和基于语义的视频检索。

1. 基于文本的视频检索

基于文本的视频检索需要先为视频手动添加视频标签，即描述该视频的关键词及视频简介。例如，视频网站的工作人员在后台上传视频资源时添加视频标签，用户输入文本进行搜索，输入的文本与视频标签的匹配度越高，越能快速、准确地搜索到所需视频，如图4-7所示。这种方法虽然技术含量不高、简单易行，但人工成本高、效率低，且手动添加的视频标签带有工作人员的主观思想，同时简单的关键词也难以准确描述视频内容。随着各类视频平台的兴起，网络上视频的数量呈现井喷式增长，因此，基于文本的视频检索越来越难适应当前海量视频数据处理需求，用户很难在较短的时间内找到目标视频资源，从而出现体验差的情况。

▲ 图4-7　基于文本的视频检索

2. 基于内容的视频检索

基于内容的视频检索主要根据视频图像的色彩、纹理、形状等视觉特征分析视频内容，并提供检索依据，使用户可以通过上传视频片段或图像搜索出相关的视频资源。例如，上传一段关于雪景的视频或一幅关于雪景的图像，来查找视频数据库中与雪景相关的视频资源。目前，基于内容的视频检索应用较多的领域是视频监控，如上传一幅包含某个车辆或人物的图像，在监控系统的视频数据库中检索出包含该车辆或人物的视频片段。

3. 基于语义的视频检索

基于语义的视频检索主要根据视频图像的视觉特征分析语义，即视频图像内容的含义，如分析出该视频片段是一个日出场景，并以此为检索依据。用户此时输入"日出"文本进行搜索，不仅可以搜索出视频标签包含"日出"这个关键词的视频，还可以搜索出包含"日出"场景的视频片段，极大地提高了检索视频的效率和精确度。该方法符合用户搜索信息时的思维习惯，但增加了技术的复杂度。因此，基于语义的视频检索是当前视频检索的研究热点之一，也是未来期望大规模商业化应用的领域。

4.2.3　视频修复

视频修复是填充视频中信息缺损区域的过程。随着数字媒体技术的发展，视频修复技术被应用到越来越多的领域，如文物保护、影视特技制作、多余物体剔除（如去除视频中的标记、字幕）等。常用的视频修复方法有逐帧图像修复、基于运动目标的视频修复和基于深度学习的视频修复等。

- 逐帧图像修复。逐帧图像修复主要是应用图像修复技术来处理视频数据，即单独修复处理视频的每帧图像。相对而言，该方法简单易行，但未充分考虑视频相邻帧之间的连续性，因此视频的连续性可能受到损坏。

- 基于运动目标的视频修复。该方法主要是将视频帧分成前景运动目标部分和背景纹理部分，然后利用不同的技术同时修复这两部分的内容，再将修复结果合并得到修复后的完整视频。一般情况下，该方法比逐帧图像修复的修复效果更好，但这种方法仅适合结构清晰且易于分割的视频，有一定的局限性。

- 基于深度学习的视频修复。该方法主要通过训练神经网络模型使其推测视频信息缺失的区域并自动填充内容，其修复效果较好，能逼真地反映视频中的内容。但设计出理想的深度神经网络结构十分困难，是研究人员需要进一步攻克的技术难点。

目前，包括 Premiere 在内的许多视频编辑处理软件都提供了简单的视频修复功能。

4.3 数字视频编辑软件Premiere的应用

Premiere简称"Pr"，是Adobe公司推出的一款功能强大的专业视频处理软件，它能配合多种硬件进行视频捕获和输出，并拥有各种的视频编辑工具，能够高效制作出满足要求的视频作品。

4.3.1 认识Premiere

Premiere从推出至今，已拥有众多版本，但各版本的使用方法基本相同。下面以Premiere Pro 2021版为例，介绍Premiere的操作界面构成。

启动Premiere Pro 2021，新建项目导入文件后，打开图4-8所示的操作界面。该界面主要由菜单栏、【操作模式】选项卡、工具栏和各种面板组成。其中，菜单栏、工具栏与Audition 2021中对应部分的作用相似，单击不同【操作模式】选项卡中的选项可以切换操作模式，同时操作界面中各面板的组成状态也会发生变化。默认的操作模式为"编辑"模式，其面板主要由4部分组成：左上角主要有"源"面板、"效果控件"面板、"音频剪辑混合器"面板等，右上角为"节目"面板，左下角为"项目"面板、"媒体浏览器"面板等，右下角为"时间轴"面板。各面板可以根据需要通过"窗口"菜单中的命令显示或隐藏起来。

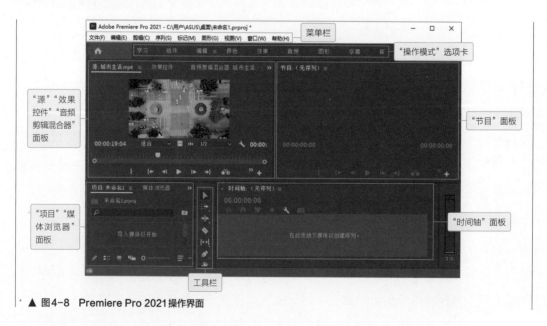

▲ 图4-8　Premiere Pro 2021操作界面

- "源"面板。该面板用于显示和控制"项目"面板中所选择的素材内容。

- "效果控件"面板。该面板用于设置各种数字媒体素材的效果。

- "音频剪辑混合器"面板。该面板用于调整音频的音量、音调、声道等参数。

- "节目"面板。该面板用于显示和播放"时间轴"面板中数字媒体素材的内容。

- "项目"面板。该面板用于显示导入的各种数字媒体素材，并可以将这些素材添加到"时间轴"面板中。

- "媒体浏览器"面板。该面板用于浏览计算机中存储的各种数字媒体素材，并可以将这些素材添加到"时间轴"面板或导入"项目"面板中。

- "时间轴"面板。该面板用于添加、管理和剪辑各种数字媒体素材，是剪辑视频的核心区域之一。

4.3.2 Premiere 的基本操作

掌握 Premiere 的基本操作，有利于熟练操作 Premiere，提升处理视频的工作效率。

1. 新建项目和序列

在 Premiere 中处理视频时，首先需要创建项目，然后在项目中创建序列。项目用于管理序列，序列则是管理视频内容的载体。一个项目可以包含一个或多个序列，序列除了可以管理视频内容外，其本身也可以作为素材添加到其他序列中。

- 新建项目。选择【文件】菜单中【新建】子菜单中的【项目】命令，或按【Ctrl+Alt+N】组合键，打开【新建项目】对话框，如图4-9所示，设置项目的名称、保存位置和其他基本参数后，单击 确定 按钮。

- 新建序列。新建项目后的"时间轴"面板中并无素材，将素材拖曳到"时间轴"面板可自动新建序列，一般选择这种方法新建序列，是基于软件预设的参数与源素材的参数相匹配。此外，选择【文件】菜单中【新建】子菜单中的【序列】命令，或按【Ctrl+N】组合键，将打开【新建序列】对话框，单击【设置】选项卡，在其中可设置时基（即帧率）、视频参数、音频参数等，需要注意的是，设置的参数应与源素材相匹配，否则不利于视频的编辑处理，完成后单击 确定 按钮，如图4-10所示。

> 💡 提示
>
> 直接将素材拖曳到"时间轴"面板上，会自动新建与素材同名的序列。另外，新建序列后选择【序列】菜单中的【序列设置】命令，可在打开的【序列设置】对话框中修改序列参数。

▲ 图4-9 【新建项目】对话框

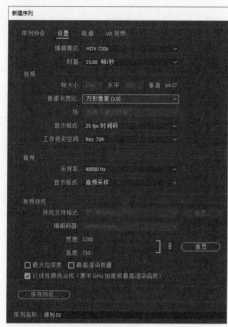

▲ 图4-10 【新建序列】对话框

2. 添加素材

处理视频时需要先将各种素材添加到"项目"面板，然后在"项目"面板中将需要编辑的素材添加到轨道。

● 将素材添加到"项目"面板。双击"项目"面板的空白区域，或在该面板中单击鼠标右键，在弹出的快捷菜单中选择【导入】命令，或选择【文件】菜单中的【导入】命令，或按【Ctrl+I】组合键，均可打开【导入】对话框，选择需要添加的一个或多个素材，单击 打开(O) 按钮。

● 将素材添加到轨道。在"项目"面板中选择所需素材，将其拖曳到"时间轴"面板相应的轨道上，在素材移至目标位置后，释放鼠标左键，如图4-11所示。

▲ 图4-11 将素材添加到轨道

3. 导出视频

完成视频的处理后，可以将其导出为不同格式的视频文件，其操作方法为：选择【文件】菜单中【导出】子菜单中的【媒体】命令，或按【Ctrl+M】组合键，打开【导出设置】对话框，在其中设置相关参数后，单击██ 导出 ██按钮，如图4-12所示。

▲ 图4-12 【导出设置】对话框

技能练习

　　使用手机录制一段1分钟左右的视频（内容为自己的周末生活），将其传输到计算机上，并启动Premiere新建项目和序列，然后将该视频作为素材添加到"项目"面板和"时间轴"面板的轨道，再将视频分别导出为AVI格式和MP4格式的文件，对比导出视频文件的大小和清晰度，直观地了解不同视频文件格式的区别。

4. 视频的基本剪辑方法

掌握以下剪辑视频的基本方法，可大致掌握数字视频的基本制作技能。

为视频设置动态效果

● 移动素材。在轨道上选择并拖曳素材至目标位置，释放鼠标左键便可移动该素材。

● 复制和粘贴素材。在轨道上选择需复制的素材，按【Ctrl+C】组合键复制素材，再拖曳播放指示器至目标位置，按【Ctrl+V】组合键粘贴该素材。

● 删除素材。在轨道上选择需删除的素材，直接按【Delete】键将其删除。

● 剪断素材。若要将一段素材剪断为几段，可先拖曳播放指示器至需剪断的位置，然后按【Ctrl+K】组合键，也可在工具箱中单击剃刀工具◆，然后在需要剪断的位置单击。

● 插入素材的部分内容。在"项目"面板中双击需要添加的素材文件，"源"面板中将显示该素材内容。拖曳播放指示器，将其定位到所需内容的开始处，单击【标记入点】按钮，然后将播放指示器定位到所需内容的结束处，单击【标记出点】按钮，此时便完成了素材内容的选取。此时拖曳"时间轴"面板的播放指示器到目标位置，单击"源"面板中的【插入】按钮，就可以将该素材中选取的内容插入"时间轴"面板轨道的目标位置，如图4-13所示。需要注意，使用这种方法插入素材时，首先要创建序列。

▲ 图4-13　插入素材的部分内容

- 裁剪素材。对于添加到轨道上的素材，可以通过拖曳的方式来裁剪其内容。只需在工具箱中单击选择工具，选择需裁剪的素材，将鼠标指针移至该素材左端，当其变为形状时，向右拖曳鼠标指针确定起始处；然后将鼠标指针移至素材右端，当其变为形状时，向左拖曳鼠标指针确定结束处，如图4-14所示。需要注意的是，被裁剪的内容并没有被彻底删除，重新向相反方向拖曳素材的两端，就可以显示被裁剪的内容。

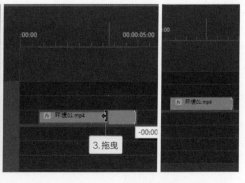

▲ 图4-14　裁剪素材

人才
素养

Photoshop、Audition、Premiere都是由Adobe公司推出的数字媒体应用软件，不管是操作界面还是具体操作，它们都有相通之处，我们在学习时应学会举一反三。同时，使用这些软件处理图像、音频、视频等数字媒体时，应与数字媒体技术的理论知识相结合，可以有效提升制作水准。

4.3.3　应用案例：制作茶产品推广视频

某茶叶公司要推广一种新茶，为了让消费者更容易接受该产品，公司打算按照采茶、制茶、品茶的顺序，详细展现新茶的情况，让消费者充分了解该产品。本实训需运用Premier将提供的视频素材和背景音乐制作成茶产品推广视频。

1. 新建项目并插入素材内容

下面先新建项目，将素材导入"项目"面板中，导入的视频素材并不是都适用，因此需要有选择性地插入视频内容，然后通过取消链接的方式删除视频素材附带的音频部分，具体操作如下。

微课视频

制作茶产品推广视频

（1）启动 Premiere Pro 2021，在显示的欢迎界面中单击 新建项目... 按钮。打开【新建项目】对话框，在【名称】文本框中输入"产品推广"文本，设置项目的保存位置后，单击 确定 按钮。

（2）在"项目"面板的空白区域单击鼠标右键，在弹出的快捷菜单中选择【导入】命令，如图4-15所示。

（3）打开【导入】对话框，选择"茶01.mp4~茶08.mp4"视频素材（配套资源：素材文件\第4章\茶产品\茶01.mp4~茶08.mp4），单击 打开(O) 按钮，如图4-16所示。

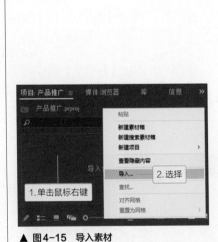

▲ 图4-15　导入素材

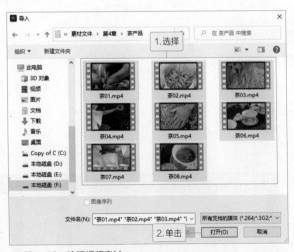

▲ 图4-16　选择视频素材

（4）在"项目"面板中找到并单击"茶01.mp4"视频素材，然后按住鼠标左键，将该素材往"时间轴"面板的"在此处放下媒体以创建序列"区域拖曳，如图4-17所示，释放鼠标左键后将添加素材并自动创建序列。

（5）在"时间轴"面板中单击左上方蓝色的时间区域，在显示的【时间】文本框中输入"00:00:03:08"，按【Enter】键将播放指示器定位到"茶01.mp4"视频素材的结束位置，如图4-18所示。

▲ 图4-17　添加视频素材

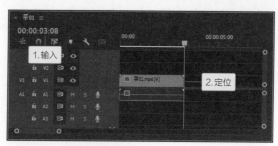

▲ 图4-18　定位播放指示器

（6）在"项目"面板中找到并双击"茶02.mp4"视频素材，在"源"面板中打开该素材。单击"源"面板左下方蓝色的时间区域，在显示的【时间】文本框中输入"00:00:01:00"，按【Enter】键定位到视频素材第1秒的位置，单击【标记入点】按钮，如图4-19所示。

（7）在"源"面板的【时间】文本框中输入"00:00:04:00"，按【Enter】键定位到视频素材第4秒的位置，单击【标记出点】按钮后，单击【插入】按钮，如图4-20所示。

▲ 图4-19　标记视频入点

▲ 图4-20　标记视频出点

（8）"茶02.mp4"视频素材第1秒至第4秒的内容便被插入"时间轴"面板中的播放

指示器所在处，且播放指示器自动后移到新插入视频素材的结束位置，如图4-21所示。

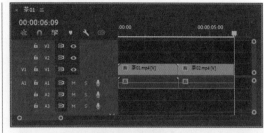

▲ 图4-21　插入视频素材内容的效果

（9）使用与步骤（6）~（7）相同的方法将其他视频素材中合适的内容（时长均在3秒左右，选取内容时可先在"源"面板中预览视频确认需选取的部分，另外，"茶05.mp4"视频素材不需要裁剪）按编号顺序插入"时间轴"面板中。

（10）在"时间轴"面板中按【Ctrl+A】组合键选择所有素材，单击鼠标右键，在弹出的快捷菜单中选择【取消链接】命令，如图4-22所示。

▲ 图4-22　取消所有视频素材的链接

（11）拖曳鼠标指针框选所有音频素材，如图4-23所示，按【Delete】键删除。

▲ 图4-23　框选所有音频素材

2. 剪辑视频素材

为了让视频节奏看上去更加合理，内容切换更具有吸引力，还需要剪辑部分视频素材，并调整视频素材的播放顺序等，具体操作如下。

（1）在"时间轴"面板中选择"茶01.mp4"视频素材，该视频结尾处有黑屏，需删除。首先在"时间轴"面板的【时间】文本框中输入"00:00:03:00"，确定裁剪位置，在工具栏中选择剃刀工具，然后将鼠标指针移到播放指示器所在位置并单击，剪断视频素材，如图4-24所示。

（2）在工具栏中选择选择工具▶，选择剪断后"茶01.mp4"视频素材右侧多余的片段，如图4-25所示，按【Delete】键删除。

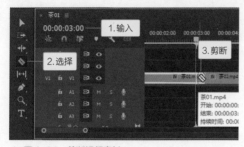

▲ 图4-24　剪断视频素材

▲ 图4-25　选择多余视频片段

（3）框选"茶02.mp4~茶08.mp4"视频素材，使用选择工具▶向左侧拖曳，使其与"茶01.mp4"视频素材相连，如图4-26所示。

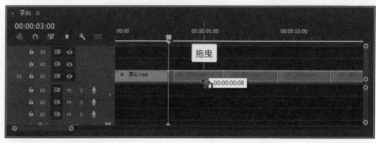

▲ 图4-26　拖曳视频素材

（4）拖曳播放指示器至"茶05.mp4"视频素材两个画面的交界处（"00:00:18:15"处，拖曳播放指示器时可在"节目"面板中观察视频画面变化），按【Ctrl+K】组合键剪断该视频素材，如图4-27所示。

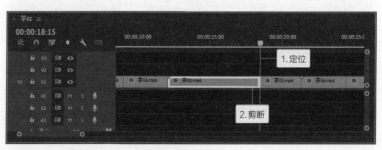

▲ 图4-27　剪断"茶05.mp4"视频素材

（5）此时原视频被剪断为两个"茶05.mp4"视频素材，按住【Ctrl】键并拖曳右侧的"茶05.mp4"视频素材至"茶04.mp4"视频素材的后面，裁剪另一个"茶05.mp4"视频素材（只保留前3秒的内容），如图4-28所示。这里需要注意，如果直接拖曳视频素材，则会覆盖原位置上的内容；要想不执行覆盖操作，需要按住【Ctrl】键进行拖曳。

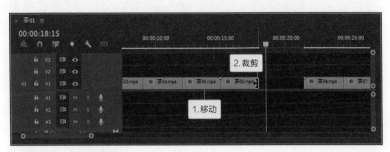

▲ 图4-28　裁剪视频素材

（6）裁剪视频素材后，拖曳"茶06.mp4~茶08.mp4"视频素材使其与前面的视频素材相连。

（7）选择"茶02.mp4"视频素材，单击鼠标右键，在弹出的快捷菜单中选择【速度/持续时间】命令。打开【剪辑速度/持续时间】对话框，单击选中【倒放速度】复选框，单击 确定 按钮，如图4-29所示。

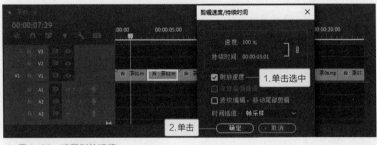

▲ 图4-29　设置倒放视频

3. 保存并导出视频文件

为了让视频内容更加丰富，可导入背景音乐，再将视频导出格式为MP4的文件，具体操作如下。

（1）双击"项目"面板的空白区域，打开【导入】对话框，导入"背景音乐.mp3"音频素材（配套资源：素材文件\第4章\茶产品\背景音乐.mp3）。将其拖曳到"时间轴"面板的A1轨道上，并裁剪右侧多出来的部分，使其与视频时长一致，如图4-30所示。

（2）按【Ctrl+S】组合键保存项目文件，然后按【Ctrl+M】组合键，打开【导出设置】对话框。在【格式】下拉列表中选择【H.264】选项，单击【输出名称】栏中的超链接，在打开的【另存为】对话框中设置文件的保存位置和名称，单击 保存(S) 按钮，返回【导出设置】对话框，单击 导出 按钮导出视频文件（配套资源：效果文件\第4章\

产品推广.mp4），如图4-31所示。

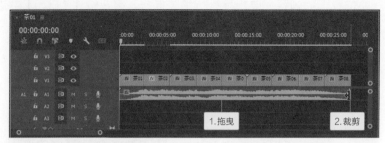

▲ 图4-30　拖曳并裁剪音频素材

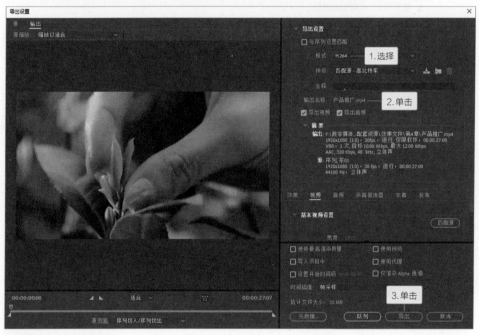

▲ 图4-31　导出视频文件

🔔 提示

　　H.264是在MP4（MPEG-4）格式基础上设计的视频格式，其文件扩展名仍为.mp4，在同等视频质量的情况下，H.264的压缩比是MP4的1.5～2倍。

技能练习

　　视频制作是一份充满创造性的工作，哪怕使用相同素材，配上不同背景音乐或调整画面播放顺序，也会让视频内容传递的信息或情感发生变化，产生不同的观看效果。请尝试利用完全相同的"茶01.mp4～茶08.mp4"和"背景音乐.mp3"素材，制作出不同的视频文件，要求先向观众展示茶叶成品和茶文化，再回溯茶叶的采摘和制作环节，并对比该效果与案例效果。

4.4 数字视频后期特效处理

随着数字媒体技术的不断发展，人们对视频效果多样性和创新性的要求也逐渐提高，后期特效便应运而生。

4.4.1 后期特效的制作思路

后期特效是指通过后期人工制造出来的、具有强烈的表现力和视觉冲击力的假象和幻觉，如超自然现象、爆破效果、魔法效果等，如图4-32所示。我们在进行后期特效制作前，应规划好制作思路，以便有条理、有目标、有规划地完成后期特效的制作。

▲ 图4-32 后期特效

1. 前期策划

明确用户需求是进行前期策划的前提。不同的目标用户关注的效果有所不同，因此需要根据目标用户的需求、视频的内容定位来确定需要制作的后期特效，甚至需要创作人物和场景的概念设计图。

2. 收集和整理素材

素材是后期特效制作的重要内容。常见素材主要有文本、图像、音频、视频、项目模板、插件等，这些素材可以通过自行制作、网站下载等方式进行收集。完成素材的收集后，可以将素材保存到计算机中指定的位置，并根据素材的不同类别进行分组管理，以便查找和使用。

3. 制作动画效果

前期处理完成后，可以在后期特效制作软件中调整摄像机的位置、角度，设置素材的运动轨迹和动作，并在画面中布局模型和收集的其他素材，根据需要为素材制作特殊的动画效果。

4. 设置灯光

灯光有助于模拟现实环境中物体的明暗效果，对素材进行艺术性加工，使画面更加真实。

Digital Media Technology Introduction

5. 剪辑优化

然后应根据前期策划内容剪辑特效画面，并通过调色、添加过渡效果等操作进一步提升画面效果，将之前的所有工作成果整合为更加流畅、和谐、完整的后期特效视频。

6. 渲染输出

完成后期特效视频制作后，首先需要通过渲染使视频得以流畅播放，再将视频输出为需要的文件格式，以便在不同的软件和设备中使用。

4.4.2　后期特效处理软件 After Effects 的应用

After Effects，简称"AE"，是 Adobe 公司推出的一款视频后期特效制作软件。它可以轻松实现视频、图像、图形、音频素材的编辑合成及特效处理。

图 4-33 所示为 After Effects 2021 的操作界面，该界面主要由菜单栏、工具栏和各种面板组成，各组成部分的作用与 Premiere 2021 中对应组成部分的作用相似。其中区别较大的是"合成"面板与"渲染"面板，"合成"面板主要用于将多个素材创建为合成文件（合成文件可以看作一个组合素材、特效的容器）及预览合成文件的画面效果，"渲染"面板主要用于编辑素材和渲染导出文件。

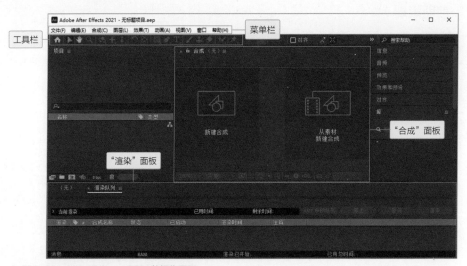

▲ 图 4-33　After Effects 2021 的操作界面

After Effects 的操作原理和方法与使用 Photoshop 处理图像、使用 Premiere 处理视频有许多相似和共通之处。下面主要通过两个应用案例介绍 After Effects 的具体应用。

1. 应用案例 1：制作节目片头特效

倡导在繁忙的学习和工作之余，通过旅行领略祖国风光，感悟人文百态，从而达到积极、乐观生活状态的综艺节目进入了素材剪辑阶段。本案例需要将星空素材融入节目片头并制作特效，营造出浪漫、温馨的氛围，并通过添加文本介绍的方式来简洁明了地展现节目风格与特色，提升节目的吸引力。

微课视频

制作节目片头特效

具体操作步骤如下。

（1）启动 After Effects，选择【文件】菜单中的【导入】命令，导入"夜空.jpg"素材（配套资源：素材文件\第4章\夜空.jpg），在"合成"面板中选择【从素材新建合成】选项，然后导入"背景.mp4"素材（配套资源：素材文件\第4章\背景.mp4）。

（2）将"夜空.jpg"素材拖曳到"渲染"面板左侧图层控制区的"背景.mp4"素材上方，单击"夜空.jpg"素材左侧的▶按钮，展开【变换】栏，设置【缩放】为"38.3，25.0%"，并在"夜空.jpg"素材右侧的【模式】下拉列表中选择【变亮】选项，如图4-34所示。然后直接在"合成"面板中通过拖曳调整该素材的位置。

▲ 图4-34　调整"夜空.jpg"素材

（3）选择【图层】菜单中【新建】子菜单中的【文本】命令，新建文本图层，此时"合成"面板中自动出现文本插入点，输入"星"文本，然后打开"字符"面板，设置字体、字体大小、色彩分别为"方正书宋简体""130像素""#FFFFFF"，在"合成"面板中通过拖曳调整文字的位置。使用相同的方法分别输入"空""之""下"文本。

（4）在图层控制区中选择"下"文本图层，单击鼠标右键，在弹出的快捷菜单中选择【图层样式】菜单中的【渐变叠加】命令，此时该图层下方将出现【渐变叠加】栏，展开该栏，单击【颜色】选项后的【编辑渐变】超链接，打开【渐变编辑器】，在其中设置色彩为"#FFFFFF ~ #8464A2"。使用相同的方法为"之"图层添加"#FFFFFF ~ #456FBB"的【渐变叠加】图层样式，效果如图4-35所示。

（5）选择【图层】菜单中【新建】子菜单中的【形状图层】命令，新建"形状图层1"图层，在工具栏中选择椭圆工具，单击【填充】超链接，打开【填充选项】对话框，在其中单击【无】按钮，单击 确定 按钮关闭对话框，在工具栏右侧设置描边色彩、描边宽度分别为"#FFFFFF""3像素"。按住【Shift】键，在"合成"面板中的"星"文本上绘制一个圆形。

（6）使用与步骤（5）相同的方法在"星"文本下方绘制3个填充色彩为"#FFFFFF"的圆形，然后在3个圆形中分别输入"露""营""季"文本，在画面底部输入"一/段/回/忆 —/段/旅/程"文本，效果如图4-36所示。

▲ 图4-35　文字效果

▲ 图4-36　添加形状和文字效果

（7）新建一个内容为"绘梦星河"的文本图层，设置字体大小为"40"。在图层控制区中选择"形状图层 1"图层，按【Ctrl+C】组合键复制，再按【Ctrl+V】组合键粘贴得到"形状图层 5"图层，依次展开该图层的【内容】【椭圆1】【描边1】栏，单击【虚线】选项后的➕按钮，将圆形的描边线条变为虚线，然后调整圆形的大小和位置。

（8）按住【Ctrl】键，在图层控制区中选择"形状图层 5"图层和"绘梦星河"文本图层，单击鼠标右键，在弹出的快捷菜单中选择【预合成】命令，将两者合并为"预合成 1"图层。选择"预合成 1"素材，按【Ctrl+C】组合键复制，再按两次【Ctrl+V】组合键粘贴，得到"预合成 2"素材和"预合成 3"素材，将这两个素材拖曳到"渲染"面板左侧图层控制区的"预合成 1"图层上方，在"合成"面板中调整这3个预合成图层的位置，使它们处在画面下方的同一水平面上。

（9）双击"预合成 2"图层，"合成"面板将仅显示该合成画面，使用横排文字工具**T**修改其中的文本为"户外体验"，然后在"渲染"面板中单击【背景】选项卡。使用相同的方法修改"预合成 3"图层中的文本为"探寻秘境"，效果如图4-37所示。

▲ 图4-37　修改预合成效果

（10）新建形状图层，使用星形工具☆绘制一个填充色彩为"#FFEE9E"的星形，设置该图层的图层样式为"外发光"，外发光大小为"40"，效果如图4-38所示。

（11）复制多个星形的图层，并为这些星形设置为不同的大小和位置。选择所有的星形图层，然后将其预合成，双击该预合成图层，然后选择其中一个星形图层，将鼠标指针移至"渲染"面板右侧图层入点处，当其变为 ↔ 形状时，按住鼠标左键并向右拖曳入点。使用相同的方法为其他星形图层调整不同的入点，如图 4-39 所示，制作出星星不定时出现的视觉效果。

▲ 图4-38 星星外发光效果

▲ 图4-39 调整星形图层的入点

（12）在"渲染"面板中单击【背景】选项卡，然后打开"预览"面板，在其中单击【播放/停止】按钮▶预览节目片头特效。按【Ctrl+S】组合键保存文件，并设置文件名为"节目片头特效"（配套资源：效果文件\第4章\节目片头特效.aep）。

（13）在"渲染"面板中单击【背景】选项卡，在【源名称】栏中选择任意选项后，按【Ctrl+A】组合键选择所有选项，选择【合成】菜单中的【添加到渲染队列】命令，如图 4-40 所示，将该合成文件添加到渲染序列。

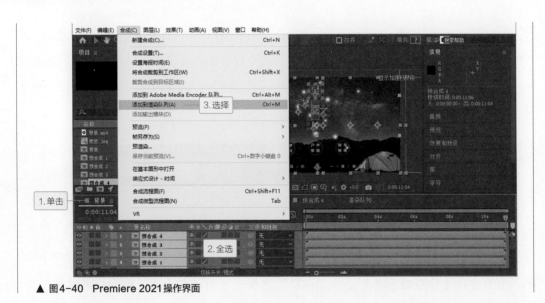

▲ 图4-40 Premiere 2021 操作界面

（14）添加渲染文件后，在"渲染"面板的【渲染队列】选项卡中单击【输出到】栏右侧的超链接，设置导出视频文件的保存位置和名称，然后单击 渲染 按钮，导出视频（配套资源：效果文件\第4章\节目片头特效.avi），如图 4-41 所示。

> 🔔 **提示**
>
> After Effects渲染导出的视频需要占用大量存储空间，设置的保存视频的位置要有足够的存储空间，且导出视频耗费时间较长，需耐心等待。

▲ 图4-41　渲染导出视频

2. 应用案例2：制作时空穿梭转场特效

微课视频

制作时空穿梭转
场特效

穿梭转场效果可以给人一种穿越时空的视觉感受，适用于多种视频的特效场景制作。本案例将充分发挥创造性思维，制作一个时空穿梭转场特效视频。在制作时可合理利用多种视频效果，使视频的转场自然美观。

具体操作步骤如下。

（1）启动 After Effects，选择导入"云层.mp4""旅行.mp4""计算机.jpg"（配套资源：素材文件\第4章\时空穿梭素材），新建持续时间为"0:00:11:00"的合成文件。

（2）将"云层.mp4""旅行.mp4"拖曳到"渲染"面板中，然后依次单击"云层.mp4""旅行.mp4"图层左上方的 🔊 按钮，关闭素材的原始音频。在不改变"旅行.mp4"图层时长的基础上，在"渲染"面板右侧将"旅行.mp4"图层的入点拖曳至0:00:03:00处，使两个图层部分发生重叠，如图4-42所示。

▲ 图4-42　关闭原始音频并调整图层入点

（3）在"渲染"面板中选择并展开"云层.mp4"图层，选择【效果】菜单中【过渡】子菜单中的【渐变擦除】命令，"云层.mp4"图层中将新增【效果】栏，展开【效果】栏，再展开其中的【渐变擦除】栏。在"渲染"面板左下角单击【展开或折叠"转换控制"窗格】按钮 🔲 ，显示出【模式】栏，将时间指示器移至0:00:03:00处，单击【过渡完成】属性名称左侧的秒表图标 🕐 ，开启关键帧；将时间指示器移至0:00:03:04处，设置【过渡完成】【过渡柔和度】【渐变图层】分别为"100%""76%""2.旅行.mp4"，如图4-43所示。

▲ 图4-43　设置"云层.mp4"图层

（4）拖曳时间指示器预览 0:00:03:00 ~ 0:00:03:04 的画面，过渡效果如图4-44所示。

▲ 图4-44　预览过渡效果

（5）选择"云层.mp4""旅行.mp4"图层，单击鼠标右键，在弹出的快捷菜单中选择【预合成】命令，将两个图层合并为"预合成1"素材。

（6）将时间指示器移至 0:00:08:08 处，选择【窗口】菜单中的【效果和预设】命令，打开"效果和预设"面板，在其中搜索"CC Radial Blur"效果，并将该效果拖曳到上面的"预合成1"素材中，在"效果控件"面板中设置如图4-45所示的参数。单击【Amount】属性名称左侧的秒表图标，开启关键帧；将时间指示器移至 0:00:06:20 处，设置Amount为"0"。

（7）将时间指示器移至 0:00:08:08 处，选择椭圆工具，在画面中心绘制一个椭圆作为蒙版。在"渲染"面板中单击选中【蒙版】栏后方的【反转】复选框，并设置【蒙版羽化】和【蒙版不透明度】分别为"50.0, 50.0""76%"，此时画面效果如图4-46所示。

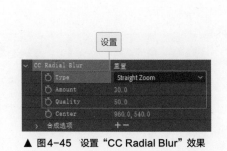

▲ 图4-45　设置"CC Radial Blur"效果

▲ 图4-46　绘制并设置蒙版

（8）选中"渲染"面板中的所有图层，并将其预合成，生成"预合成2"素材。在"项目"面板中选择"计算机.jpg"素材，单击鼠标右键，在弹出的快捷菜单中选择【基于所选项新建合成】命令。

（9）将"预合成2"拖曳到"计算机.jpg"素材中，设置"预合成2"的缩放为"109.0,

109.0%"，然后将"边角定位"效果拖曳到"预合成2"中，将时间指示器移至0:00:07:18处，开启"边角定位"效果的"左上""右上""左下""右下"关键帧；将时间指示器移至0:00:07:19处，在"合成"面板中拖曳4个边角定位点到合适位置，如图4-47所示。

▲ 图4-47 调整边角定位

（10）由于"预合成2"的结束时间为0:00:09:04，因此在"计算机.jpg"素材上单击鼠标右键，在弹出的快捷菜单中选择【合成设置】命令，设置持续时间为"0:00:09:04"，单击 确定 按钮。

（11）选中"计算机.jpg"素材中的所有图层，将其预合成，得到"预合成3"素材，将时间指示器移至0:00:07:18处，开启【位置】【缩放】属性的关键帧并设置【位置】【缩放】分别为"1040.0，584.5""106.0，106.0%"；将时间指示器移至0:00:07:19处，设置【位置】【缩放】分别为"1085.5，817.5""185.0，185.0%"；将时间指示器移至0:00:08:05处，设置【位置】【缩放】分别为"1043.3，603.9""107.1，107.1%"，变化效果如图4-48所示。按【Ctrl+S】组合键保存文件（配套资源：效果文件\第4章\时空穿梭.aep）。

▲ 图4-48 变化效果

🔑 课堂实训

收集和处理环保宣传视频

1. 实训背景

收集与环保宣传相关的视频素材，制作一段1分30秒以内的环保宣传视频，用于传递环境保护的理念。制作视频时，不仅要保证视频的清晰度和流畅度，还需提升画面的趣味性或视觉冲击力，使视频既能传递环保理念，又能吸引观众观看。

2. 实训目标

（1）掌握通过互联网获取视频资源的方法。

（2）掌握使用Premiere编辑处理视频，并将其导出的方法。

3. 任务实施

（1）收集视频素材

通过互联网收集视频素材，要求视频素材能够表现不同的环保主题，如珍惜粮食、珍惜水资源、垃圾分类、禁止焚烧垃圾、美化自然等，所收集的视频素材至少能表现3个环保主题。在视频时长方面，最终的成片尽量控制在1分30秒以内。另外，收集的视频素材，在保证视频清晰度（分辨率尽量不低于720P）、流畅度的情况下，尽量选择数据量小的文件格式（配套资源：素材文件\第4章\环保素材\环境01.mp4~环境10.mp4、背景音乐.mp3）。

（2）使用Premiere编辑处理视频

知识拓展

将收集的视频素材导入Premiere，使用Premiere编辑处理每个视频片段，包括裁剪多余内容、删除本身自带的音乐、调整播放顺序，还可考虑添加动态效果、合适的背景音乐和字幕，使视频内容更丰富、画面更有趣。最后，将所有视频片段融合为一个过渡自然、内容准确表达环保主题的完整视频（配套资源：效果文件\第4章\环境环保.mp4）。

使用Premiere编辑处理视频步骤参考

本次实训也可以自行组成团队拍摄一段环保宣传的短片，主题不限，可以专注表达一个主题，也可以表达多个主题。在拍摄前，可通过互联网查找相关的环保宣传视频，借鉴视频的拍摄创意，然后使用Premiere编辑处理素材，使用After Effects添加后期特效，最终的成片尽量保持在1分30秒以内。

本章小结

视频是我们了解信息的重要媒体，是我们生活中不可或缺的一部分。数字视频技术的发展，使视频广泛应用于数字电视、视频会议、影视制作、在线教育和安防监控等领域，并为我们提供了更高质量、更便捷的视频传输、存储和观看体验。数字视频技术可以修复受损的视频，提取关键帧与视频检索技术的发展也可以丰富我们搜索视频资源的方式，使我们能够更高效、准确地找到目标视频资源。

另外，应用Premiere、After Effects等软件也是数字视频技术的一部分。这些软件的应用简化了视频处理操作，使个人不仅可以享受高品质的视听盛宴，也可以创作出优质的视频作品。

课后习题

1. 单项选择题

（1）可以有效概括视频主要内容的一帧图像，称为视频的（　　）。

    A. 特殊帧　　　　　B. 关键帧　　　　　　C. 图像帧　　　　　　D. 视频帧

（2）分辨率为720P的数字视频的画面尺寸是（　　）。

    A. 720像素 ×480像素　　　　　　　B. 1280像素 ×720像素

    C. 1920像素 ×1080像素　　　　　　D. 2048像素 ×1080像素

（3）一个视频每秒钟能够显示120幅图像，它的帧率是（　　）。

    A. 30fps　　　　　B. 60fps　　　　　C. 120fps　　　　　D. 240fps

（4）基于内容的视频检索依据是（　　）。

    A. 图像分辨率　　B. 图像尺寸　　　C. 视觉特征　　　　D. 视频语义

2. 多项选择题

（1）数字视频的特点是（　　）。

    A. 传输效率较高　　　　　　　　　B. 存储可靠性较高

    C. 便于编辑加工　　　　　　　　　D. 数据容量小

（2）常用的数字视频格式有（　　）。

    A. MP3　　　　　B. MP4　　　　　C. WAV　　　　　D. MOV

（3）影响数字视频数据量的因素包括（　　）。

    A. 视频分辨率　　　　　　　　　　B. 色彩深度

    C. 帧率　　　　　　　　　　　　　D. 视频持续时间

3. 思考练习题

（1）获取数字视频的方法有哪些？

（2）一段时长1分钟的数字视频，画面尺寸为640像素 ×480像素，帧率为30fps、色彩深度为24位，其未经压缩的数据量是多少？

（3）提取视频关键帧的方法有哪些？除了这些方法，你还能想到用什么方法提取视频关键帧？

（4）根据提供的素材（配套资源：素材文件\第4章\水果广告素材.mp4），使用Premiere制作一个水果广告视频，展示水果产品的特点，参考效果如图4-49所示（配套资源：效果文件\第4章\水果广告.mp4）。

（5）根据提供的素材（配套资源：素材文件\第4章\企业宣传素材.mp4），使用Premiere制作一段企业宣传视频，宣传企业的基本情况与产品，参考效果如图4-50所示（配套资源：效果文件\第4章\企业宣传.mp4）。

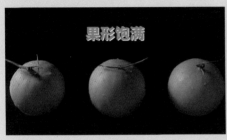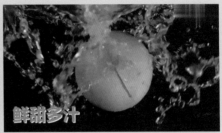

▲ 图4-49　水果广告视频参考效果

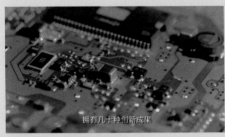

▲ 图4-50　企业宣传视频参考效果

（6）根据提供的素材（配套资源：素材文件\第4章\卷轴.psd），使用After Effects制作一个流沙书法特效模板，用于成语介绍短片中。本次特效元素以卷轴和成语文本为元素，制作卷轴渐隐、文本化为沙子后慢慢飘散的效果，效果参考如图4-51所示（配套资源：效果文件\第4章\流沙书法特效.aep）。

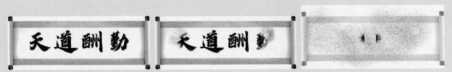

▲ 图4-51　流沙书法特效参考效果

05

第5章 计算机图形学与动画技术

计算机图形学是研究如何使用计算机生成、处理和显示图形的一门学科。将计算机图形学与数字图像处理相比较，概括来说，数字图像处理是把从外界获得的图像用计算机处理，而计算机图形学是用计算机来"画图像"。计算机图形学作为计算机科学最为活跃的分支之一，在诸多领域得到广泛应用，伴随着计算机科学的发展逐渐进入我们的视野中。

—— **学习目标**

1　了解计算机图形学的发展、研究内容及应用领域。

2　熟悉动画的定义与原理、发展，以及计算机动画的分类。

3　了解 Animate 的应用，并掌握制作动画的一般操作方法。

—— **素养目标**

1　在动画作品的创作过程中锻炼耐心与毅力。

2　提升自己的美术功底，坚持自己对美的追求。

—— **思维导图**

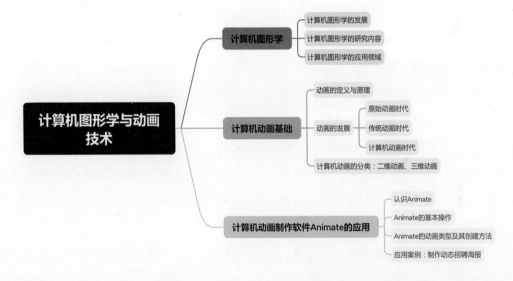

5.1 计算机图形学

计算机图形学是一门使用数学算法将二维或三维图形转化为计算机显示器所能显示的栅格（像素）形式图像的学科。它涵盖的内容非常丰富，与数字图像处理、计算机视觉等学科都有交叉，应用领域也很广泛。

5.1.1 计算机图形学的发展

计算机图形学的研究起源于20世纪60年代，随着计算机技术的进步和图形硬件的发展，计算机图形学逐渐成为一门独立的学科。计算机图形学大致的发展历程如下。

* 早期发展阶段（1960—1970年）。在这个阶段，计算机图形学的研究主要集中在图形显示和绘制方面。由于当时计算机性能有限，人们主要通过绘制线段和多边形来创建图形，图形生成过程缓慢。早期的图形硬件有绘图仪等。

* 几何建模技术和图形算法发展阶段（1971—1980年）。在这个阶段，出现了一些重要的几何建模技术和图形算法，使图形能够更加平滑和精细地显示，同时为图形绘制和渲染提供了更高效的解决方案，许多研究人员基于计算机图形学开发计算机辅助设计图形系统，并将其应用于设计领域。

* 三维图形和动画发展阶段（1981—2000年）。在这个阶段，计算机图形学开始关注三维图形和动画。通过引入三维建模、纹理映射、光照模型和物理模拟等技术，计算机能够生成逼真的三维图像。此外，也出现了一些著名的计算机图形学软件和工具，如OpenGL和3ds Max等。

* 实时渲染和虚拟现实发展阶段（2001—2010年）。在这个阶段，计算机图形学开始追求实时渲染和交互性。随着图形硬件和计算机处理器性能的不断提升，计算机能够在实时场景中实现复杂的光照和材质效果。同时，伴随着虚拟现实技术的发展，人们可以在计算机生成的虚拟环境中进行沉浸式体验。

* 智能化阶段（2011年至今）。目前，计算机图形学继续向更高水平发展。其中，人工智能和机器学习的应用为图像生成与识别和增强现实等技术带来新的可能性。此外，还涌现出了更多的交互式图形技术，如手势识别、虚拟角色动画和自适应显示等。

5.1.2 计算机图形学的研究内容

简单地说，计算机图形学主要研究如何在计算机中表示、处理和显示图形的相关原理与算法。其研究对象主要是点、线、面、体的数学构造方法与图形显示，以及其随时间变化的情况。具体来说，计算机图形学的研究内容包括以下几方面。

- 二维、三维景物的表示方法。二维、三维景物的表示方法是计算机图形显示的前提和基础，包括山河湖海、花草树木等自然景物的造型和模拟，曲线、曲面的造型技术，实体造型，以及相关图形的生成理论与算法，等等。
- 图形数据的输入、存储，包括数据压缩和解压缩。
- 图形数据的运算处理，包括基于图像和图形的混合绘制技术、自然景物仿真等。
- 图形数据的输出显示，包括图形硬件和图形交互技术等。
- 制定与图形应用软件有关的技术标准。

5.1.3　计算机图形学的应用领域

随着计算机图形学不断发展，它的应用范围也日趋广泛。目前，计算机图形学主要应用于以下领域。

1. 计算机辅助设计

计算机辅助设计是计算机图形学应用最广泛的领域之一。它使传统的手工绘图设计方法被计算机图形生成技术取代，如图5-1所示，土建工程、机械结构和产品的设计，包括飞机、汽车、船舶等产品的外形及其零部件的设计，以及电子线路、电子器件等产品的设计均可通过计算机图形生成技术得到精确的图形，并直接应用于产品的加工处理。同时，随着计算机网络的发展，设计人员可以通过网络进行协同设计，有效提高设计效率。

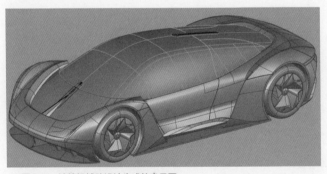

▲ 图5-1　计算机辅助设计生成的产品图

2. 数据可视化

在信息化时代，将海量数据可视化，并使其内容变得容易理解是人们日益关注的话题。计算机图形学能以图形的形式表示数据，使数据的发展趋势及其反映的事物变化规律一目了然。例如，在电商领域，将生产、销售、库存统计数据生成为二维或三维形式的饼图、折线图、直方图等图形，这些图形以简明的形式反映数据的变化趋势，为管理者的经营决策提供依据，图5-2所示为用二维柱形图表示的计算机配件销售情况；在医学领域，将医用CT扫描的数据转化为三维图像，能够使医生直观地看到并准确地判别患者的身体状况，帮助医生顺利完成手术。

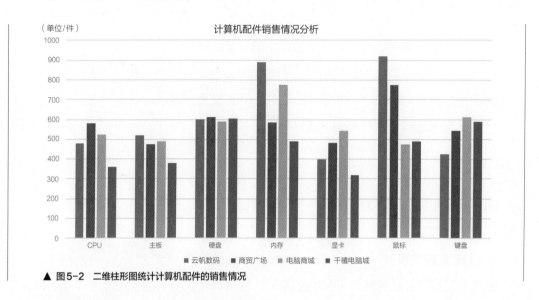

▲ 图5-2 二维柱形图统计计算机配件的销售情况

3. 计算机动画

传统的动画大多是手工绘制的，而计算机图形学的应用，将计算机作为绘制动画的主要工具，极大地提高了动画制作的效率，同时使动画内容更加丰富多彩，并呈现接近真实世界的效果，还可以生成各种各样精彩绝伦的特技效果。

4. 计算机游戏

计算机图形学为计算机游戏开发提供了建模和渲染等技术的支持。建模是指在计算机中构建几何模型来表示三维物体，渲染是指将三维模型转化为二维图像的过程，两者都是计算机图形学中基础且重要的技术，同时也是计算机游戏开发的关键环节。图5-3所示为计算机游戏角色的三维模型展示。

5. 计算机艺术

计算机图形学的发展与应用催生了众多图形制作软件，方便了艺术工作者通过这些软件进行艺术创作，如图5-4所示。艺术工作者不但可以利用这些软件的模板和工具提高艺术创作的效率，还可以运用一些功能创作出更多更具创意的艺术作品。

6. 用户界面设计

计算机图形学广泛应用于人机交互的用户界面设计。用户界面是人和计算机之间进行交互的媒介。一个友好的图形化用户界面能够提高交互系统的易用性。如今，几乎任何的交互系统中都可以看到计算机图形学在用户界面设计方面的应用。使用这些用户界面不看说明书，根据它们的图形或动画界面的指示即可完成操作。

▲ 图5-3　计算机游戏角色的三维模型展示

▲ 图5-4　艺术工作者通过图形制作软件创作的平面艺术作品

7. 虚拟现实技术

虚拟现实技术主要研究用计算机模拟（构造）三维图形空间，并使用户能够自然地与该空间进行交互。显然，计算机图形学是构造三维模型、促使虚拟技术发展的关键。

5.2　计算机动画基础

动画可以使没有生命的物体动起来，让它们就像被赋予了生命一样。英国的动画艺术家约翰·汉斯曾指出："运动是动画的本质。"也有人说："动画是运动的艺术。"总之，动画与运动分不开。我们可通过学习动画的定义与原理、动画的发展、计算机动画的分类来了解计算机动画。

5.2.1　动画的定义与原理

动画是一种通过在连续多格的胶片上拍摄一系列单个画面，从而产生运动视觉的技术，这种视觉是通过将胶片以一定速率放映的方式体现出来的。也可以说，动画是一种动态生成一系列相关画面的处理方法。

动画除了可以记录在胶片上，还可以记录在磁带、磁盘、光盘上。放映动画可以使用灯光投影到银幕的方式，还可以使用电视屏幕、计算机显示器等设备。动画中运动的对象可以是实体，也可以是不断改变的色彩、纹理、灯光。

与数字视频一样，动画也是基于视觉暂留现象产生的。动画和数字视频都是由一系列静止画面按照一定的顺序排列而成的，这些静止画面同样被称为帧，每一帧与相邻帧中的内容略有不同。当帧画面以一定的速率连续播放时，视觉暂留现象会造成连续的动态效果。动画和数字视频的主要差别类似图形与图像的区别，即帧画面的产生方式有所不同，动画的帧画面产生方式是利用人工或计算机图形技术绘制出连续画面，而数字视频的帧画面产生方式是模拟视频信号经过数字化处理后形成运动图像。

5.2.2　动画的发展

动画的发展大致分为3个阶段：原始动画时代、传统动画时代和计算机动画时代。每个阶段的动画都有其各自的风格及特点。

1. 原始动画时代

考古学家发现，在出土的几万年前的壁画上能够看到一系列原始人祭神和跳舞的图案。可见那个时代的"画家"已经注意到了动画的基本规则，从而创作出了那些极富动感的图案。

在我国汉代时期，出现了类似于现在的皮影戏的艺术，如图5-5所示，可以说那时的动画技术已经向前迈进了一大步。在之后很长一段时间内，动画始终发展得非常缓慢。

▲ 图5-5　皮影戏表演

皮影戏又称"影子戏"或"灯影戏",它是中国民间古老的传统艺术,也是国家级非物质文化遗产。请大家依据皮影戏的历史起源和表演形式、皮影制作过程展开讨论。

2. 传统动画时代

19世纪末,法国的卢米埃尔兄弟发明了电影放映机,如图5-6所示。从此以后,一部一部的动画片陆陆续续地诞生了,其中就包括至今仍为人们津津乐道的《米老鼠和唐老鸭》和《白雪公主和七个小矮人》等。

▲ 图5-6 卢米埃尔兄弟发明的电影放映机

这个阶段的动画全部都是手工绘制的,因此称作传统动画时代。传统动画(传统手绘动画)将一系列逐渐变化并能清楚地反映一个连续动态过程的静止画面,如图5-7所示,经过电影放映机逐帧的拍摄编辑,再通过播放设备使之在屏幕上活动起来。

▲ 图5-7 传统手绘动画

3. 计算机动画时代

计算机动画是指通过计算机制作动画,它是计算机图形学的重要分支。20世纪60年代,第一部计算机动画片诞生于贝尔实验室。随着计算机图形技术的迅速发展,计算机在动画制作中的应用不断扩大。如今计算机动画已成为动画制作的主流,计算机动画也成了电影、电视、游戏、教育等领域不可缺少的一部分。在电影和电视领域,计算机动画被用于创造绚丽多彩的视觉效果和特技场景,如图5-8所示;在游戏领域,计算机动画使得角色和物体的动作更加流畅和逼真,如图5-9所示;在教育领域,计算机动画可以解释抽象和复杂的概念,如图5-10所示,帮助学生更好地理解和学习。

▲ 图5-8　动画影视特效

▲ 图5-9　动画游戏角色

▲ 图5-10　动画演示科学知识

5.2.3　计算机动画的分类

计算机动画发展到今天，主要分为二维动画和三维动画两大类。

1. 二维动画

顾名思义，二维动画是指在二维平面上制作的动画。从广义来讲，二维动画包括传统手绘动画和计算机二维动画，区别在于是否应用了计算机技术。

计算机二维动画又叫计算机辅助动画，它用计算机代替了部分人工，可以看作是对传统手绘动画的改进。计算机二维动画的制作，第一步是通过人工绘制关键画面的轮廓图，并将关键画面通过摄像机或扫描仪等设备输入计算机，设置成关键帧，也可以由动画制作软件直接绘制；第二步由计算机根据两个关键帧自动生成中间画（中间画是关键帧与关键帧之间的过渡画面，中间画不止一张，可能有若干张，能够使动作流畅自然）；第三步则是在计算机辅助下完成着色、拍摄、后期处理等操作，最后输出完整的动画。

与传统手绘动画需要大量的人工手绘操作相比，计算机二维动画不仅绘制的图形非常准确，操作简单，而且无须进行胶片拍摄和冲印就能预演结果，便于二次编辑、修改，既节省了人力成本又极大地提高了动画制作效率。相较于三维动画，计算机二维动画具有独特的表现力，画风多样，这使得计算机二维动画至今仍受到行业和用户的喜爱。

图5-11所示为计算机二维动画电影《大鱼海棠》的截图,画面的立体空间感是由物体的错位叠放产生的。

▲ 图5-11 计算机二维动画电影《大鱼海棠》的截图

2. 三维动画

三维动画是指利用计算机技术在三维空间制作的动画。三维动画的制作一般分为3个步骤,分别是建模、动画制作和渲染。建模是指使用特定的软件创建动画角色和景物的三维模型;动画制作是指通过设定模型位置和改变模型的状态使模型在三维空间里"动"起来;渲染是指完成三维动画制作并导出,主要通过在计算机内部创建虚拟摄像机,并调整好镜头、灯光,形成最终的三维动画效果。

三维动画也称计算机生成动画,这是因为动画对象是根据三维数据在计算机内部生成的,其运动轨迹和动作的设计也需要在三维空间中考虑。与二维动画相比,三维动画的制作需要更多的技术支持,但三维动画的画面更直观和逼真,给观看者带来身临其境的感受,如图5-12所示。

▲ 图5-12 三维动画电影

课堂讨论

《名侦探柯南》《大闹天宫》《秦时明月》《西游记之大圣归来》《哪吒之魔童降世》

等这些大家耳熟能详的动画作品，哪些是二维动画，哪些是三维动画？你是如何区分的？

> **人才素养**　近年来，我国的计算机动画技术水平不断提高，计算机动画产业规模逐渐扩大。一些优秀的国产动画电影和短片，在国内外均获得了广泛的认可和好评。这充分说明我国的计算机动画行业取得了显著的进步，但计算机动画技术水平与国际先进水平相比，仍有差距。未来，我国的计算机动画行业还需要进一步推进技术研发、人才培养和市场拓展，以推动行业的可持续发展。

5.3 计算机动画制作软件Animate的应用

Animate简称"An"，是Adobe公司推出的一款集二维动画创作、游戏设计和广告设计于一体的创作软件，它包含简单直观而又功能强大的设计工具和命令，为动画专业设计人员和业余爱好者制作动画提供了便利。

5.3.1 认识Animate

Animate从推出至今，已有众多版本，但各版本的操作方法基本相同。下面以Animate 2021版为例，介绍Animate的操作界面构成。Animate的操作界面主要由菜单栏、工具箱、场景、舞台和各种面板组成，如图5-13所示，各组成部分的作用与Photoshop 2021中对应组成部分的作用相似，这里主要介绍场景、舞台、"时间轴"面板和"库"面板。

▲ 图5-13　Animate 2021操作界面

- 场景。在Animate中，图形的制作、编辑和动画的创作都需要在场景中进行。一个动画可以包括多个场景。

- 舞台。场景中的编辑区又叫舞台，对象只有位于舞台中才能在动画中显示出来。制作动画时，可以在不同场景中安排舞台内容，使动画效果更丰富。

- "时间轴"面板。要想使用Animate制作出动画效果，就需要在"时间轴"面板中进行操作。"时间轴"面板左侧为图层控制区，该区域用于控制和管理动画中的图层；右侧为时间线控制区，主要用于定位和编辑帧，以及播放动画。

- "库"面板。在Animate中，存放和管理动画文件中的素材和元件都在"库"面板中进行。在动画制作过程中，可直接在"库"面板中调用素材和元件。

5.3.2 Animate的基本操作

掌握Animate的基本操作，如新建文档、元件的基本操作、帧的基本操作等，有利于熟练操作Animate，提升编辑制作动画的工作效率。

1. 新建文档

在使用Animate制作动画时，需要先在其中新建文档才能进行后续的操作。

启动Animate后，在其操作界面中选择【文件】菜单中的【新建】命令，打开【新建文档】对话框，如图5-14所示。在该对话框上方可选择动画应用场景，包括角色动

▲ 图5-14 【新建文档】对话框

画、游戏、广告、网络（Web）等，在【预设】栏中可选择所选场景下动画的应用平台，主要分为PC端和手机端，在右侧的【详细信息】栏中可自定义文档尺寸、帧速率（帧率）和平台类型。平台类型用于指定Animate运行的脚本语言（分为ActionScript和HTML5 Canvas），脚本语言是一种编程语言，用来控制软件的应用程序，当执行脚本时，软件会执行相应操作。新建文档时，选择运用的应用场景和平台，Animate自动选择默认的脚本语言，一般保持默认即可，若采用编程方式设计动画，也可自行选择。

2. 元件的基本操作

在Animate中，可以将一些需要重复使用的元素转换为元件存放在"库"面板中，以便随时调用，被调用的元件又称为实例，实例具有元件的一切特性。元件与实例的区别在于：在舞台中修改实例可以更改实例的色彩、大小和功能，但不会对"库"面板中这一实例的元件产生影响，如图5-15所示；相反，如果修改"库"面板中的元件，将直接影响舞台中该元件对应的每一个实例，如图5-16所示。

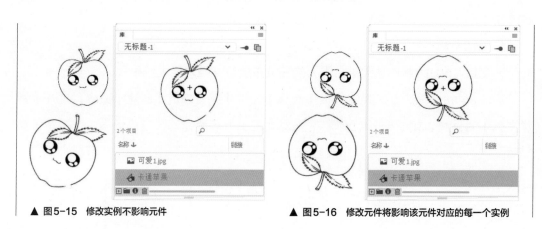

▲ 图5-15　修改实例不影响元件　　　　　　　▲ 图5-16　修改元件将影响该元件对应的每一个实例

需要注意的是，元件的使用范围只限于动画的幕后区，即"库"面板中。换句话说，在"库"面板中的叫元件，将其从"库"面板拖曳到舞台，舞台中呈现的就是该元件的实例。或者说，任何在舞台中引用的元件都是该元件的实例。

下面介绍新建与编辑元件等的基本操作。

- 新建元件。选择【插入】菜单中的【新建元件】命令，或按【Ctrl+F8】组合键，打开【创建新元件】对话框，设置元件名称和类型后，单击 确定 按钮，将新建元件并存放至"库"面板中，同时自动进入新创建的元件编辑窗口。此时的元件内容为空，可自定义元件内容，如绘制图形，也可选择【文件】菜单中的【导入】子菜单中的【导入到舞台】命令，导入素材作为元件内容，如图5-17所示。

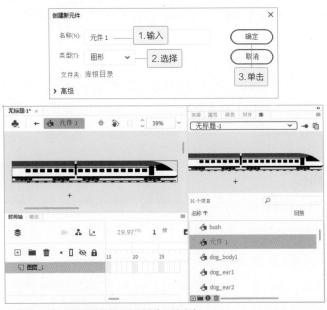

▲ 图5-17　新建元件并导入素材作为元件内容

🔔 提示

　　Animate 包括影片剪辑元件、按钮元件、图形元件3种元件类型，其中影片剪辑元件可包含交互组件、图形、声音或其他影片剪辑实例，用于创建可重复使用的动画片段；按钮元件主要用于创建交互式动态按钮；图形元件用于创建各种图形，是最基本的元件类型。

　　• 将对象转换为元件。使用选择工具▶选择舞台中的对象，选择【修改】菜单中的【转换为元件】命令，或直接按【F8】键，打开【转换为元件】对话框，设置元件名称和类型后，单击 确定 按钮，如图5-18所示。

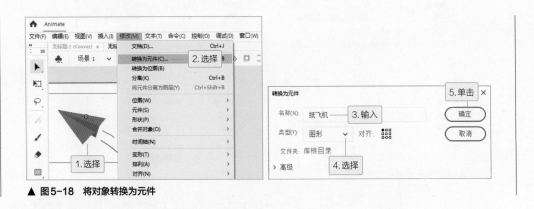

▲ 图5-18　将对象转换为元件

　　• 编辑元件。在舞台中选择需要编辑元件对应的实例，然后选择【编辑】菜单中的【编辑元件】命令，或在该实例上单击鼠标右键，在弹出的快捷菜单中选择【编辑元件】命令，或直接双击该实例，进入元件编辑窗口后，可编辑元件。

> 🔔 **提示**
>
> 　　如果舞台中没有元件对应的实例，此时若想编辑元件，可在"库"面板中双击需要编辑的元件选项，或在该选项上单击鼠标右键，在弹出的快捷菜单中选择【编辑】命令，进入元件编辑窗口进行编辑。

3. 帧的基本操作

　　帧是动画制作的关键。Animate的"时间轴"面板中包含许许多多的矩形块，每个矩形块对应一帧，连续播放每一帧的画面内容，就可以形成动画效果。帧根据功能可划分成关键帧和空白关键帧。关键帧是指动画中关键画面所处帧，它主导了动画内容，可以在舞台中直接编辑，在"时间轴"面板中显示为带有实心圆点的矩形块 ；空白关键帧是指未添加内容的关键帧，在"时间轴"面板中显示为带有空心圆点的矩形块 ，它主要用于在画面与画面之间形成间隔，一旦在空白关键帧中创建了内容，空白关键帧就会自动转变为关键帧；其他普通的帧可以在舞台中显示内容，但不能编辑内容。

　　帧的基本操作包括选择、插入、复制、移动、转换、翻转、删除等。

- 选择帧。单击可选择鼠标指针下方的帧；单击图层名称可选择对应图层中的所有帧；按住【Ctrl】键并单击可选择多个不连续的帧；按住【Shift】键并单击可选择两个帧之间连续的帧，如图5-19所示。

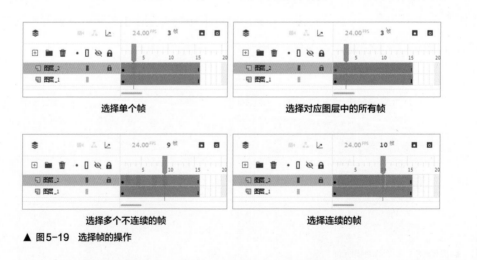

选择单个帧　　　　　　　　　选择对应图层中的所有帧

选择多个不连续的帧　　　　　　选择连续的帧

▲ 图5-19　选择帧的操作

- 插入帧。选择【插入】菜单中【时间轴】子菜单中的【帧】命令，或按【F5】键可插入普通帧；选择【插入】菜单中【时间轴】子菜单中的【关键帧】命令可插入关键帧；选择【插入】菜单中【时间轴】子菜单中的【空白关键帧】命令可插入空白关键帧。

- 复制帧。当只需要复制一帧时，可按住【Alt】键将该帧拖曳到目标位置；若要复制多帧，可选中这些帧，单击鼠标右键，在弹出的快捷菜单中选择【复制帧】命令，然后选择目标位置，单击鼠标右键，在弹出的快捷菜单中选择【粘贴帧】命令。

- 移动帧。选择关键帧或含关键帧的序列，将其拖曳至目标位置。

- 转换帧。在需要转换的帧上单击鼠标右键，在弹出的快捷菜单中选择【转换为关键帧】命令或按【F6】键可转换为关键帧，选择【转换为空白关键帧】命令或按【F7】键转换为空白关键帧。若想将关键帧、空白关键帧转换为普通帧，可单击鼠标右键，在弹出的快捷菜单中选择【清除关键帧】命令。

- 翻转帧。翻转帧操作可以翻转所选帧的顺序，将开头的帧调整到结尾处，将结尾的帧调整到开头处。其操作方法为：选择含关键帧的帧序列，单击鼠标右键，在弹出的快捷菜单中选择【翻转帧】命令。

- 删除帧。选中需要删除的帧，单击鼠标右键，在弹出的快捷菜单中选择【删除帧】命令，或按【Shift+F5】组合键可删除选中的帧。

🔔 提示

　　编辑图层也是动画制作过程中十分重要的操作，Animate 的每一个图层都对应一个独立的时间轴。编辑图层的操作方法包括新建、选择、复制、移动、删除，以及调整图层顺序，与在 Photoshop 中编辑图层的操作方法相似。

5.3.3　Animate 的动画类型及其创建方法

Animate 主要包括 4 种动画类型，分别是逐帧动画、补间动画、引导层动画和遮罩动画。复杂的动画效果一般都来源于这 4 种动画的相互组合应用，下面分别介绍这几种动画的创建方法。

1. 认识与创建逐帧动画

逐帧动画是指由多个连续的关键帧组成，并且每帧内容都略有差别的动画类型，如图 5-20 所示。创建逐帧动画的方法主要分为以下 4 种。

- 逐帧制作。在时间线控制区插入多个空白关键帧，然后在每个空白关键帧上添加有区别的图像内容即可制作逐帧动画。

- 导入 GIF 动态图像文件。导入 GIF 动态图像文件后，Animate 会自动将 GIF 动态图像文件中的每幅静态图像转换为时间线控制区中的关键帧，从而形成逐帧动画。

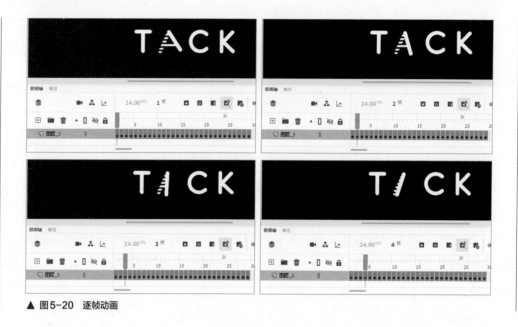

▲ 图5-20　逐帧动画

● 导入图片序列。导入具有连续编号的图像素材（如01.png、02.png、03.png等）后，Animate会自动按照图像素材的编号顺序，依次将图像素材转换为时间线控制区中的关键帧，从而形成逐帧动画。

● 转换为逐帧动画。在时间线控制区中选择要转换为逐帧动画的帧，然后单击鼠标右键，在弹出的快捷菜单中选择【转换为逐帧动画】命令，在弹出的子菜单中选择【每帧设为关键帧】【每隔一帧设为关键帧】等命令，可将选择的帧按照所选择的命令转换为逐帧动画。

2. 认识与创建补间动画

补间动画利用视图的平移、旋转、缩放和渐变来实现动画效果。补间动画（广义）根据使用效果的不同，可分为传统补间动画、补间形状动画和补间动画（狭义）。

（1）传统补间动画

传统补间动画是指根据同一元件在两个关键帧中（开始帧和结束帧）的位置、大小、透明度和旋转方向等属性的变化，由Animate自动计算生成的动画类型。开始帧和结束帧之间的过渡帧会呈现出带有黑色箭头和紫色背景的效果，如图5-21所示。

创建传统补间动画的方法是：当同一元件构成两个关键帧时，将鼠标指针移至两个关键帧之间的过渡帧上，单击鼠标右键，在弹出的快捷菜单中选择【创建传统补间动画】命令，再调整两个关键帧所含对象的位置、大小、透明度和旋转方向等属性。

（2）补间形状动画

制作这种动画只需要创建两个关键帧（开始帧和结束帧），在两个关键帧中绘制不同的形状，Animate会自动添加两个关键帧之间的变化过程，此即为补间形状动画。开始帧和结束帧之间的过渡帧会呈现出带有黑色箭头和棕色背景的效果，如图5-22所示。

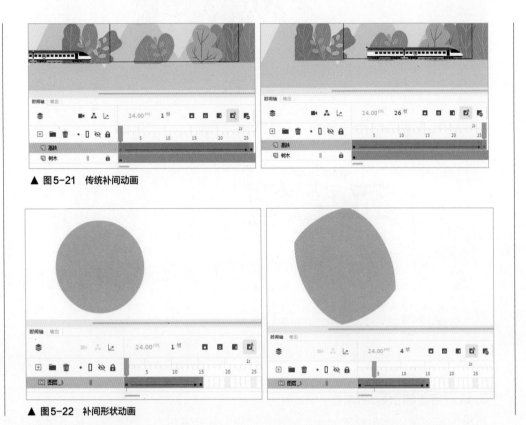

▲ 图5-21　传统补间动画

▲ 图5-22　补间形状动画

创建补间形状动画的方法是：在两个关键帧中绘制不同的形状后，将鼠标指针移至两个关键帧之间的过渡帧上，单击鼠标右键，在弹出的快捷菜单中选择【创建补间形状动画】命令。

（3）补间动画（狭义）

补间动画（狭义）是指首先在开始帧放置元件，然后使用【创建补间动画】命令创建补间动画，再多次创建关键帧，并调整关键帧所含对象属性的动画类型。补间动画在"时间轴"面板中显示为连续的、具有黄色背景的帧范围，第1帧中的黑点表示补间范围分配有目标对象，其他帧中的黑色菱形表示该帧为属性关键帧（设置了对象属性的关键帧称为"属性关键帧"），如图5-23所示。

创建补间动画（狭义）的方法是：插入第一个关键帧，在该关键帧中创建对象并将其设置为元件，然后选择该帧，单击鼠标右键，在弹出的快捷菜单中选择【创建补间动画】命令，拖曳补间动画帧序列右侧的边缘调整帧序列的长短；然后在帧序列中的任意帧上插入属性关键帧，调整对象的位置、大小、旋转方向等属性。

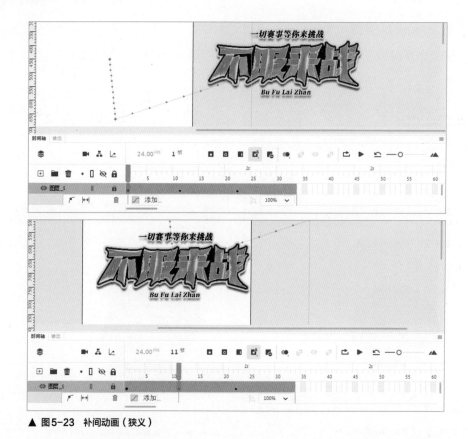

▲ 图5-23　补间动画（狭义）

3. 认识与创建引导层动画

引导层动画是指由引导层和被引导层组成的一种动画类型，引导层中的内容在最终发布时不会被显示，被引导层中的动画类型一般是补间动画。引导层动画常用来实现一个或多个对象沿复杂路径运动的动画效果，如图5-24所示。

▲ 图5-24　引导层动画

引导层动画中绘制的路径通常是不封闭的，这样方便Animate判断路径的起点和终点，从而确定动画的开始位置和结束位置。在创建引导层动画时，需要注意以下问题。

- 引导线的转折不宜过多，且转折处的线条弧度不宜过大，以免Animate无法准确判断对象的运动路径。

- 引导线应为一条流畅且连续的线条，不能出现中断的现象。

- 引导线不能交叉、重叠，否则会导致动画创建失败。

- 被引导对象必须吸附到引导线上，否则被引导对象将无法沿着引导线运动。

创建引导层动画的关键就是创建引导层，有两种方式可以创建引导层。

- 将当前图层转换为引导层。将鼠标指针移至要转换为引导层的图层上，单击鼠标右键，在弹出的快捷菜单中选择【引导层】命令，可将该图层转换为引导层，图层名称前有 ✕ 符号；此时引导层下方还没有被引导层，若将其他图层拖曳到引导层下方，便可以将其添加为被引导层，此时引导层的图层名称前的符号将变为 ⌒ ，如图5-25所示。

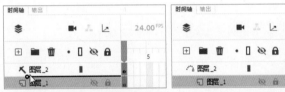

▲ 图5-25　将当前图层转换为引导层

- 为当前图层添加引导层。将鼠标指针移至需添加引导层的图层上，单击鼠标右键，在弹出的快捷菜单中选择【添加传统运动引导层】命令，可为该图层添加一个引导层，同时该图层被转换为被引导层。

4. 认识与创建遮罩动画

遮罩动画是指由遮罩层和被遮罩层组成的动画类型。遮罩层中的内容可以遮盖被遮罩层中的内容，并且最终发布时不会显示遮罩层中的内容，另外被遮罩层中的动画类型可以是多种多样的。在Animate中制作遮罩动画至少要有两个图层，上面的图层为遮罩层，下面的图层为被遮罩层，这两个图层中只有重叠的地方才会显示出来。因此，为了设置特殊的动画效果，可以在遮罩层上创建一个任意形状的"视窗"，即遮罩，被遮罩层上的内容可以透过"视窗"显示出来，而没被"视窗"遮盖的地方则不会显示，如图5-26所示。

▲ 图5-26　遮罩动画的原理和效果

在创建遮罩动画时，首先要创建遮罩层，方法是：选择需要作为遮罩层的图层，单击鼠标右键，在弹出的快捷菜单中选择【遮罩层】命令，此时该图层的图标会从普通图层的样式 变为遮罩层的样式 ，同时Animate会自动把遮罩层下面的一层转换为被遮罩层，被遮罩层名称会向右缩进一定的距离，且图标会变为 样式，如图5-27所示。若想将其他普通图层转化为遮罩层的被遮罩层，只需要将该图层拖曳到遮罩层下方。

▲ 图5-27 创建遮罩层

5.3.4 应用案例：制作动态招聘海报

某设计公司员工制作了一张尺寸为3543像素×4724像素的招聘海报，为提高招聘海报的吸引力，决定为招聘海报添加动画效果。要求：动画效果类似使用瞄准镜查看海报，先从不同的位置展现海报的局部内容，然后逐渐显示海报的全貌，使静态的海报展示效果变得生动起来。

1. 制作动态招聘海报的静态画面

由于遮罩动画是通过遮罩层和被遮罩层来实现动画效果的，因此下面制作海报的静态画面，让遮罩层能够有遮罩的对象，具体操作如下。

（1）启动Animate，新建文档，设置应用场景为网络（Web），自定义尺寸为3543像素×4724像素，其他保持默认。

（2）选择【文件】菜单中的【导入】子菜单中的【导入到库】命令，将"背景.png"和"招聘海报.jpg"图像文件（配套资源：素材文件\第5章\背景.png、招聘海报.jpg）导入"库"面板，如图5-28所示。

（3）在"库"面板中选择"背景.png"图像文件，将其拖曳至舞台中，并使用选择工具 调整图像的位置，使其完整覆盖舞台区域，如图5-29所示。

（4）新建"图层_2"图层，在"库"面板中将"招聘海报.jpg"图像文件拖曳至舞台中，使用选择工具 调整图像的位置，使其完整覆盖舞台区域，如图5-30所示。

2. 制作圆形动画

新建图层，并在其中绘制圆形作为遮罩动画的其中一种遮罩形状，具体操作如下。

微课视频

制作动态招聘海报的静态画面

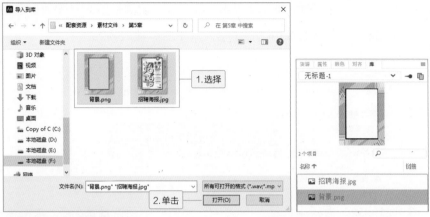

▲ 图5-28 导入图像文件

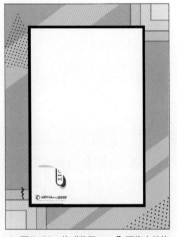

▲ 图5-29 将"背景.png"图像文件拖曳至舞台中

▲ 图5-30 将"招聘海报.jpg"图像文件拖曳至舞台中

（1）新建"图层_3"图层，选择椭圆工具 ，按住【Shift】键，在舞台中拖曳鼠标指针绘制圆形，如图5-31所示。

（2）使用选择工具 选择圆形，单击鼠标右键，在弹出的快捷菜单中选择【转换为元件】命令，打开【转换为元件】对话框，设置名称为"圆形"，类型为"影片剪辑"，单击 确定 按钮，如图5-32所示。

▲ 图5-31 绘制圆形

▲ 图5-32 将形状转换为元件

（3）拖曳鼠标指针在"时间轴"面板中选择所有图层的第30帧，如图5-33所示，单击鼠标右键，在弹出的快捷菜单中选择【插入帧】命令插入帧。

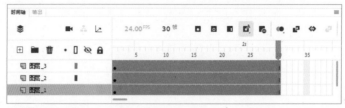

▲ 图5-33 插入帧

（4）在"时间轴"面板中选择"图层_3"图层，然后选择第5帧，单击鼠标右键，在弹出的快捷菜单中选择【插入关键帧】命令插入关键帧，然后使用选择工具▶移动圆形，如图5-34所示。

（5）在"图层_3"图层的第10帧处插入关键帧，并移动圆形，如图5-35所示。

▲ 图5-34 插入关键帧并移动圆形（1）

▲ 图5-35 插入关键帧并移动圆形（2）

（6）在"图层_3"图层的第15帧处插入关键帧，并移动圆形，如图5-36所示。

（7）选择"图层_3"图层的第15帧，按住【Alt】键拖曳关键帧到第16帧的位置，快速复制关键帧，然后移动圆形，如图5-37所示。

▲ 图5-36 插入关键帧并移动圆形（3）

▲ 图5-37 复制关键帧并移动圆形

（8）选择"图层_3"图层中第16帧的圆形，按【Ctrl+B】组合键将"圆形"元件转换为形状，以便后期为其所在的帧创建补间形状动画。

3. 制作补间动画

继续在同一图层中绘制矩形，制作另一种遮罩动画的形状，具体操作如下。

（1）在"时间轴"面板中选择"图层_3"图层的第30帧，单击鼠标右键，在弹出的快捷菜单中选择【插入关键帧】命令插入空白关键帧；选择矩形工具██，在舞台空白区域绘制矩形，使其能完整覆盖"招聘海报.jpg"图像中间的白色区域，如图5-38所示。

（2）选择"图层_3"图层的第1帧，单击鼠标右键，在弹出的快捷菜单中选择【创建传统补间】命令，为第1帧至第5帧创建传统补间动画，如图5-39所示。

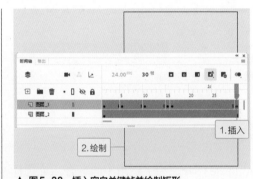

▲ 图5-38 插入空白关键帧并绘制矩形

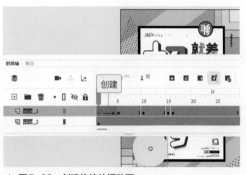

▲ 图5-39 创建传统补间动画

（3）按照与步骤（2）相同的方法，为第5帧至第10帧和第10帧至第15帧创建传统补间动画，如图5-40所示。

（4）选择"图层_3"图层的第16帧，单击鼠标右键，在弹出的快捷菜单中选择【创建补间形状】命令，为第16帧至第30帧创建补间形状动画，如图5-41所示。

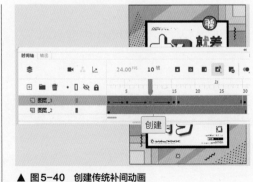

▲ 图5-40 创建传统补间动画

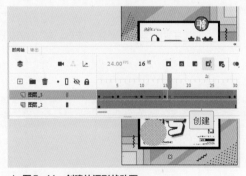

▲ 图5-41 创建补间形状动画

4. 制作遮罩动画

下面将"图层_3"图层转换为遮罩层，预览遮罩动画效果并保存文件，具体操作如下。

（1）选择"图层_3"图层，单击鼠标右键，在弹出的快捷菜单中选择【遮罩层】命令，将其更改为遮罩层，如图5-42所示。

（2）按【Enter】键或单击"时间轴"面板中的【播放】按钮▶预览动画效果，如图5-43所示。

（3）按【Ctrl+S】组合键保存文件（配套资源：效果文件\第5章\动态招聘海报.fla），完成动态招聘海报的制作。

▲ 图5-42　将图层转换为遮罩层

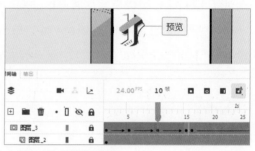

▲ 图5-43　预览动画效果

> **提示**
>
> 　　通常，每一款动画制作软件都有其专属的动画文件格式。Animate制作的动画文件格式为FLA，文件扩展名为.fla，一般只能通过Animate打开。为了适用不同场合，可选择【文件】菜单中的【导出】命令的子命令，将动画文件导出为GIF动态图像文件，通过图片浏览器可播放；导出为SWF动画文件，通过浏览器可直接打开；导出为AVI、MOV、MP4等视频文件，通过视频播放器可播放。

> **人才素养**
>
> 　　随着数字媒体技术的发展，动画的应用已经扩展到广告、节目片头、游戏、网络等多个领域。与此同时，动画创作者也不再拘泥于传统动画固有的创作模式。要想成为一名优秀的创作者，不仅要具备基本的动画制作软件操作能力，还需要有耐心和毅力，因为制作出理想的动画效果有时需要反复调整、修改，并且要不断提升自己的美术功底，坚持自己对美的追求。

 课堂实训

制作七夕动态背景的动画

1. 实训背景

本次实训将根据提供的素材文件制作七夕动态背景的动画。该动画要求人物对象呈左右移动效果，同时热气球图像沿指定路线运动变化，参考效果如图5-44所示。

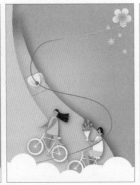

▲ 图5-44 七夕动态背景的动画参考效果

2. 实训目标

（1）熟练掌握Animate的基本操作，包括元件、帧、图层的基本操作，以及传统补间动画与引导层动画的创建。

（2）能够根据动画的素材构思制作动画的思路。

3. 任务实施

（1）创建引导层并绘制引导线

打开"七夕动态背景.fla"动画素材文件（配套资源：素材文件\第5章\七夕动态背景.fla），新建图层，为"库"面板中的"热气球.png"图像文件创建引导层并绘制从画面左下角到右上角缓慢上升的引导线。

（2）设置引导线动画和属性

首先，在"热气球.png"图层的第96帧插入关键帧，作为"热气球.png"图像引导层动画的结束帧（即将人物往画面外开始移动的位置），并为第1帧到第96帧创建传统补间动画。然后，为引导线分段设置笔触色彩，并使"热气球.png"图像沿路径着色、沿路径缩放。最后，使用任意变形工具 在"热气球.png"图层中的若干帧处调整热气球的方向，使热气球吸附引导线的同时体现"随风摆动"的效果。

（3）导出动画文件

保存文件并导出SFW格式的动画文件（配套资源：效果文件\第5章\七夕动态背景.sfw）。

本章小结

计算机图形学主要研究如何在计算机中表示、处理和显示图形的相关原理和算法，它是计算机动画技术的基础。计算机图形学也被广泛应用于计算机辅助设计、数据可视化、计算机动画、计算机游戏、计算机艺术、用户界面设计、虚拟现实技术。

动画是利用人工或计算机图形技术绘制出的连续画面，是基于视觉暂留现象产生的。动画经历了原始动画时代到计算机动画时代的发展，计算机动画技术的发展使动画创作者不再拘泥于传统手绘动画固有的创作模式，可借助动画制作软件与其他计算机动画技术，高效创作出极具创意的动画作品。

课后习题

1. 单项选择题

（1）计算机图形学的英文简称是（　　）。

    A. CG   B. CV   C. GC   D. VC

（2）下列对动画描述错误的是（　　）。

    A. 动画是利用人工或计算机图形技术绘制出的连续画面

    B. 动画是基于视觉暂留现象产生的

    C. 动画是模拟视频信号数字化处理后的产物

    D. 动画可以分为传统手绘动画与计算机动画

（3）下列是动画文件格式的是（　　）。

    A. PNG   B. TXT   C. SWF   D. MP4

2. 多项选择题

（1）计算机二维动画与传统手绘动画的区别有（　　）。

    A. 用计算机代替部分人工   B. 关键帧完全由计算机生成

    C. 由计算机自动生成中间画   D. 人工完成拍摄与后期处理

（2）Animate中的动画类型包括（　　）。

    A. 逐帧动画   B. 补间动画   C. 引导层动画   D. 遮罩动画

3. 思考练习题

（1）通过Excel制作的各类图表是计算机图形学的应用吗？为什么？

（2）二维动画与三维动画有何区别？两者各有何优劣？

（3）Animate中的关键帧与空白关键帧有何区别？

（4）在Animate中导入素材文件（配套资源：素材文件\第5章\背景.jpg、纸飞机.png、小孩.png），创建引导层动画，制作纸飞机在草坪上飞的动画效果，参考效果如图5-45所示（配套资源：效果文件\第5章\纸飞机.fla）。

▲ 图5-45　纸飞机动画参考效果

06

第6章　数字媒体压缩、存储与传输技术

数字媒体技术的快速发展与广泛应用，给人们的生活、学习和工作带来了诸多方便，人们的生活方式日益数字化。人们为了更高效地获取、分享数字媒体，对数字媒体的压缩、存储与传输技术提出了更高的要求。可以说，数字媒体的压缩、存储和传输技术是数字媒体技术中的关键部分，对进一步推动数字媒体技术的发展至关重要。

—— **学习目标**

1　了解数字媒体压缩的管理、分类和标准。

2　熟悉数字媒体存储的介质、性能指标和存储方式。

3　掌握计算机网络技术、移动通信技术和流媒体技术的相关知识。

4　学会应用数字媒体文件压缩、传输与转换工具。

—— **素养目标**

1　养成随时保存和备份数字媒体文件，以及维护存储设备的习惯。

2　维护网络环境，主动传播有益、有用的信息。

—— **思维导图**

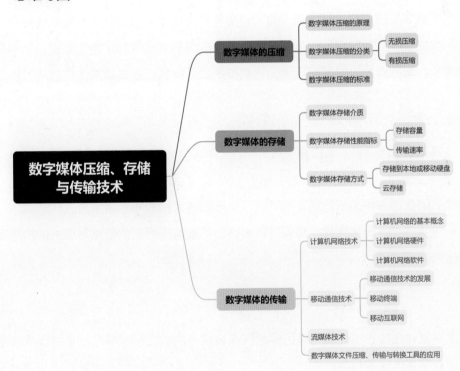

6.1 数字媒体的压缩

顾名思义，数字媒体的压缩就是减少数字媒体的数据量，降低数字媒体的存储空间和传输带宽需求，以便提高存储和传输效率。

6.1.1 数字媒体压缩的原理

我们知道，数字媒体在计算机中是以数字的形式存在的，而这些数字构成的数据只是媒体信息的载体。尽管数字媒体的数据量很大，但并不是所有的数据都是有用的，将多余的数据去除，对信息没有本质影响，并不妨碍正确理解信息，这就是数字媒体能够被压缩的原因。例如，一段数字视频的相邻帧之间，前一帧与后一帧存在许多相同的地方，将这些相同地方所对应的数据去除，并不会影响人们观看视频、理解视频内容所要传递的信息。

数字媒体压缩的核心是编码，编码是指将媒体信息转换成计算机能够理解和处理的二进制数的过程。数字媒体压缩便是通过不同的编码方法去除多余的数据，达到压缩数据的目的。与压缩相对的是解压缩，它是指把二进制数还原成原来的信息的过程。

6.1.2 数字媒体压缩的分类

按媒体信息压缩前后是否有损失划分，压缩可分为有损压缩和无损压缩两大类。

• 有损压缩。有损压缩也称为不可逆编码，是指在压缩时丢失了部分信息的压缩，解压缩后的信息与原来的信息有所不同，但不影响人们理解原始信息。

• 无损压缩。无损压缩也称为可逆编码，是指解压缩后的信息与原来的信息完全相同的压缩。

6.1.3 数字媒体压缩的标准

数字媒体压缩标准是指用来压缩数字媒体信息的数据格式标准。下面介绍一些目前常用的数字媒体压缩标准。

1. JPEG标准

JPEG标准是由国际标准化组织（International Organization for Standardization，ISO）和国际电工委员会（International Electrotechnical Committee，IEC）及国际电信联盟电信标准化部门（International Telecommunications Union Telecommunication

Standardization sector，ITU-T）联合成立的联合图像专家组（Joint Photographic Experts Group，JPEG）所制定的静态图像压缩标准。

JPEG是在网络、多媒体系统、图片打印等领域广泛应用的静态图像压缩标准，主要可分为标准JPEG、渐进式JPEG及JPEG 2000三种类型。

标准JPEG在网页中下载时只能由上而下依序显示图像，直到下载完，才能展示图像全貌。渐进式JPEG在网页中下载时，先呈现出图像的粗略外观，再慢慢地呈现出完整的内容，一般存储为该标准的图像文件比存储为标准JPEG格式的小。这两种标准均采用有损压缩，支持多种压缩标准，压缩比越低，图像质量越好；相反，压缩比越高，图像质量越差。

JPEG 2000是JPEG的最新标准，它是一种很灵活的压缩标准，既可以使用不同的压缩比压缩图像，又支持无损压缩和有损压缩。与早期的标准相比，JPEG 2000在有损压缩情况下通常也能获得更高品质的图像效果。同时，由于JPEG 2000在无损压缩情况下仍然能有较高的压缩比，所以在对图像品质要求较高的领域（如医学图像的分析和处理）应用较多。

2. MPEG-4标准

运动图像专家组（Moving Picture Experts Group，MPEG）是由国际标准化组织和国际电工委员会联合成立的，负责开发电视图像数据和声音数据的编码、解码标准和它们的同步标准。该专家组开发的标准称为MPEG标准。

MPEG-4标准是运动图像专家组制定的主要用于音视频信息压缩的国际标准。MPEG-4标准采用有损压缩方法减少数字媒体中的冗余信息，具有较高的压缩比，可以大大减小媒体文件大小，并且传输效率高，支持多平台和多种文件格式。一些公司或机构根据MPEG-4标准开发了不同的制式，因此市面上出现了很多基于MPEG-4标准的视频格式，例如WMV 9（WMV的第9版）、Quick Time。直到现在，MPEG-4标准仍广泛应用于网络视频、动画、多媒体系统、视频监控等领域。

3. H.264、H.265、H.266标准

H.264标准是国际电信联盟（International Telecommunication Union，ITU）的视频编码专家组（Video Coding Experts Group，VCEG）和运动图像专家组联合组成的联合视频组（Joint Video Team，JVT）提出的视频压缩标准。

H.264标准在MPEG-4标准的基础上建立开发，与MPEG-4标准相比，H.264标准不仅具有更高的压缩比，同时拥有更高质量的画面效果，经H.264标准压缩的视频数据在网络传输中所需的带宽更少，H.264标准广泛应用于高清晰度电视（High Definition Television，

143

HDTV）中。

H.265标准是继H.264标准之后制定的视频编码标准。它基于H.264标准，在保留原有的某些技术的同时，改进另一些相关的技术，如提高压缩效率、降低编码复杂度等，并得到更好的视频质量。一般，经H.265标准压缩的视频数据为经H.264标准压缩的视频数据的1/3~1/2，传输效率更高，视频品质更好。

H.266标准是继H.265标准之后制定的新一代视频编码标准，主要面向4K和8K超高清（Ultra High Definition，UHD）视频应用。它基于H.265标准做了进一步的技术改进，在保持清晰度不变的情况下，让数据压缩效率获得极大提高，数据量减少了约50%，进一步提高了数字视频的存储效率，并减少了网络传输的数据量。H.265标准传输一段90分钟的超高清视频需要大约10GB的数据，而H.266标准只需5GB左右。但相比H.264标准、H.265标准，H.266标准的普及应用尚需时日，一些业内专家分析，H.266标准预计在2027年左右才会被广泛接受和使用。

技术讲堂

2002年，我国成立数字音视频编解码技术标准工作组（简称AVS工作组），制定了音视频编解码标准（Audio and Video Coding Standard，AVS），该标准是我国具备自主知识产权数字音视频产业的共性基础标准。

截至2023年7月，AVS工作组主要发布了3种标准。第一代标准AVS1于2006年正式发布，主要面向高清数字电视。2016年正式发布第二代标准AVS2，主要面向4K超高清应用，技术性能与H.265标准相当。2021年正式发布第三代标准AVS3，AVS3和AVS2相比，综合性能提升超过40%，该标准主要面向8K超高清视频、虚拟现实和5G媒体等新兴应用场景。在2022年的北京冬奥会中，AVS3技术助力中央电视台超高清电视频道，为观众提供了超高清的赛事直播服务，如图6-1所示。2022年7月，国际数

▲ 图6-1　AVS3助力中央电视台超高清电视频道

字视频广播组织（Digital Video Broadcasting Project，DVB）正式批准AVS3成为DVB标准体系中下一代视频编解码标准之一。AVS3成功纳入DVB标准体系，是AVS3国际化的重大里程碑，将有力促进AVS产业化落地和国际化应用。

4. MP3标准

MP3标准是伴随MPEG-1标准（该标准是运动图像专家组开发的第一个视频压缩标准）

开发的，它是MPEG-1标准的第三部分——MPEG Audio Layer Ⅲ音频压缩标准，后来MPEG-1标准在此基础上做了一定的技术改进。MP3标准采用有损压缩方法压缩音频数据，压缩比较高，压缩后的文件小，适于存储和传输。虽然有损压缩在一定程度上导致音频质量损失，但并不妨碍人们对MP3标准的广泛应用，MP3标准至今仍受到大众欢迎。

6.2 数字媒体的存储

数字媒体的存储是指将压缩后的数字媒体文件保存在介质中的过程。数字媒体的存储技术需要解决存储文件的访问速度、可靠性和储存空间占用等方面的问题。

6.2.1 数字媒体存储介质

存储介质是指用于存储数据的载体，是数据存储的基础。在计算机上，数字媒体技术采用的主要存储介质有硬盘、移动硬盘、U盘、光盘及服务器等。

• 硬盘。硬盘是计算机中最主要的数据信息存储设备之一，分为机械硬盘和固态硬盘两种。机械硬盘是一种传统的硬盘类型，固态硬盘与机械硬盘相比，体积更小、抗震性更好、产生热量更少、散热更快、读写数据的速度更快，但价格更高。机械硬盘与固态硬盘的外观如图6-2所示。

• 移动硬盘。移动硬盘主要指采用USB接口，可以随时插拔，小巧而便于携带的硬盘存储器。移动硬盘的外观如图6-3所示。

▲ 图6-2　机械硬盘（左）与固态硬盘（右）的外观

▲ 图6-3　移动硬盘的外观

• U盘。U盘是指计算机中即插即用的设备，其特点是体积小，方便携带。

• 光盘。用于存放数字媒体信息的光盘有CD光盘和DVD光盘，通常DVD光盘的容量大于CD光盘。CD光盘中存储的音频文件可在CD播放器或计算机中播放。DVD光盘除了存储音频文件外，还可以存储高清视频和数据文件，常用于电影、游戏、数据备份等方面。目前光盘已较少使用。

● 服务器。服务器本质上是网络中能对其他终端设备（如计算机、手机、平板电脑等）提供某些服务的计算机系统。服务器一般都具有较大的数据存储容量和强大的数据处理能力，它可以通过网络连接为用户提供数据存储和共享等服务，支持多用户同时访问和操作。

6.2.2　数字媒体存储性能指标

数字媒体存储性能指标是指存储介质的性能指标，主要有存储容量和传输速率。

1. 存储容量

存储容量是指存储介质能够容纳的字节数。字节是计算机中存储数据的基本单位。在存储二进制数时，以8位二进制代码为一个单元存放在一起，称为1字节，即1字节（Byte）=8位（bit）。在计算机中，通常用B（字节）、KB（千字节）、MB（兆字节）、GB（吉字节）和TB（太字节）等为单位来表示存储介质的存储容量或文件大小。存储单位之间的换算关系是：1Byte=8bit，1KB=1024B，1MB=1024KB，1GB=1024MB，1TB=1024GB。

存储介质的存储容量越大，可存储数字媒体信息的数据量就越大。目前，机械硬盘与固态硬盘的容量都能达到TB级别，主流硬盘容量为500GB~2TB。而光盘的存储容量要小很多，一般不超过10GB。服务器的存储容量可以根据用户的需求进行灵活扩展，通常为1TB、3TB、5TB、10TB，甚至可以高达几百TB等。

2. 传输速率

传输速率是指存储媒介读写数据的速度，较高的传输速率可以使存储媒介更快地读取和写入数据。例如，机械硬盘的传输速率一般为50MB/s~200MB/s，而固态硬盘的传输速率一般能达到500MB/s甚至更高，所以固态硬盘的存储性能高于机械硬盘。

存储介质的性能指标对数字媒体的存储起着至关重要的作用，提高存储介质的性能指标在一定程度上将促使数字媒体技术的进一步发展与应用。

6.2.3　数字媒体存储方式

数字媒体文件可存储到本地硬盘或移动硬盘中，同时随着存储技术的发展，云存储也逐渐成为常用的一种存储方式。

云存储是一种新兴的网络存储方式，用户可将数字媒体资源上传至云服务器保存。云服务器是服务器的类型之一，与传统的物理服务器不同，它是虚拟的服务器，具有传统物理服务器的功能，但功能更强大。它能将网络中的资源集合起来，并具有更高的安全性和稳定性。简单来说，云存储可将网络中大量不同类型的存储设备集合起来协同工作，共同对用户提供数据存储等服务。通过云存储，用户可以在任何时间、任何地点，以任何可联网的装置连接到云服务器并存取数据。百度网盘（网盘又称网络U盘或网络硬盘）就属于云服务器，用户可以将数据上传到百度网盘中，随时随地访问、查看和管理数据。手机中的云盘（有的手机显示为云空间）也属于云服务器，用于存放或备份用户手机中的数据资源，如图6-4所示。

▲ 图6-4　手机云盘

我们在创作数字媒体作品时，要有随时保存和备份文件的习惯，防止数据丢失，同时做好对存储介质的保护措施。存储介质不用时要妥善保管，并注意防尘、防潮，远离高温和强磁场环境；避免使存储介质受到强烈震动，如从高处坠落、被大力敲打等；明确存储介质的使用期限，并在使用期限截止前转储需长期保存的数据。

6.3　数字媒体的传输

数字媒体的传输涉及将媒体文件从一个地方传送到另一个地方，可以通过物理介质进行，也可以通过网络进行。通过物理介质进行传输就是借助U盘、移动硬盘复制、粘贴媒体文件的过程。下面主要介绍数字媒体的传输所涉及的技术和工具应用。

6.3.1　计算机网络技术

对数字媒体进行网络传输需要计算机网络技术的支撑。

1. 计算机网络的基本概念

计算机网络也称为计算机通信网，是指将不同地理位置、具有独立功能的多台计算机及其外部设备，通过通信线路连接起来，并在网络操作系统及网络通信协议的管理和协调下，实现资源共享和信息传递的现代化综合服务系统。也可以简单地理解为：计算机网络是一些相互连接的、以共享资源为目的的、自治的计算机的集合。

（1）互联网

现在较常用的网络是因特网（Internet），因特网又称互联网，也称国际互联网。它是一个全球性的网络，是由遍布全世界的众多大大小小的网络相互连接而成的计算机网络。它将全世界的计算机联系在一起，通过这个网络，全世界的用户相互之间都可以实现数字媒体信息交换。

从覆盖范围的角度看，互联网之下又可划分出局域网、无线城域网和无线广域网3种类型。

• 局域网。局域网（Local Area Network，LAN）是指将一定区域内各种计算机、外部设备和数据库连接起来形成的计算机网络，是目前最常见、应用最广泛的计算机网络之一。如今，几乎每个工作单位都有自己的局域网，甚至多数家庭都有自己的小型局域网。局域网被广泛用来连接计算机等设备，使它们能够共享资源和交换信息。局域网覆盖范围有限，地理距离一般在几米至10千米，一般位于同一座建筑物内或建筑物附近。局域网在计算机数量配置上没有太多的限制，少的可以只有两台，多的可达几百台。

• 无线城域网。无线城域网（Wireless Metropolitan Area Network，WMAN）是指在一个城市范围内建立的计算机通信网，采用和局域网类似的技术，是一种大型的局域网。一个无线城域网通常连接着多个局域网，与局域网相比扩展的距离更长，连接的计算机数量更多，连接距离可以为10～100千米。

• 无线广域网。无线广域网（Wireless Wide Area Network，WWAN）也称为外网、公网，是连接不同地区局域网或无线城域网计算机通信的远程网，所覆盖的地理范围从几百千米到几千千米，常以国家或城市为单位进行覆盖，一般由通信公司建立和维护。无线广域网能够实现大范围的局域网互联。

（2）万维网

万维网（World Wide Web，WWW），又称环球信息网、环球网和全球浏览系统等。万维网起源于位于瑞士日内瓦的欧洲核子研究中心。万维网是一种基于超文本的、方便用户在互联网上搜索和浏览信息的信息服务系统，它通过超链接把世界各地不同互联网节点上的相关信息有机地组织在一起，用户只需发出检索要求，它就能自动地进行定位并找到相应的检索信息。用户可用万维网在互联网上浏览、传递和编辑超文本格式的文件。万维网是互联网上最受欢迎、最为流行的信息检索工具之一，它能把各种类型的信息（文本、图像、音频和影像等）集成起来供用户查询，从而为全世界的人们提供查找和共享知识的手段。

2. 计算机网络硬件

要形成一个能进行数字媒体传输的网络，必须有硬件设备的支持。由于网络的类型不一样，使用的硬件设备可能有所差别。总体说来，计算机网络中的硬件设备主要有传输介质、光猫、路由器和网卡。

（1）传输介质

传输介质可分为有线传输介质和无线传输介质两类。

● 有线传输介质。常用的有线传输介质有双绞线、同轴电缆、光纤（光导纤维），如图6-5所示。双绞线和同轴电缆都属于人们通常所说的网线，是传统的金属电缆，传输的是电信号，适合短距离的信号传输。在信号不失真的情况下，同轴电缆的传输距离比双绞线的传输距离更远，但同轴电缆的价格更高。光纤是一种由玻璃或塑料制成的纤维，适合长距离的信号传输，它传输的是光信号，具有信号损耗低、抗干扰能力强、性能可靠的特点。现在，互联网的主干线一般都使用光纤布线，光纤建网的成本比传统的铜缆方案更低，而且后期的维护成本也更低，而光猫或路由器与用户终端设备（如计算机、电视、打印机）的连接都使用双绞线或同轴电缆。

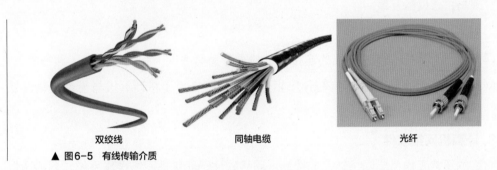

双绞线　　　　　　同轴电缆　　　　　　光纤

▲ 图6-5 有线传输介质

● 无线传输介质。常用的无线传输介质有无线电波、微波和红外线等。无线传输介质可以让用户摆脱有线介质的束缚，实现无线网络传输，从而有效扩展通信空间。

（2）光猫

光猫即光纤调制解调器，它是光纤的接入终端，可以将光信号转换为电信号，从而实现光纤上网。简单地说，它的作用是把光纤传输过来的光信号转换为适合在路由器、计算机、电视等设备中传输的电信号。

（3）路由器

路由器通常连接在用户终端设备和光猫之间，主要功能是用来拓展网络，实现多台用户终端设备共享一个网络。这是因为光猫一般可供连接用户终端设备的局域网接口（LAN接口）有限，一般有1~4个，接口色彩为黄色，图6-6所示为单口光猫外观。将光猫与路由器连接，路由器可以扩展局域网接口数量，企业级路由器的接口可达到上百个，家用的路由器接口数量一般不超过8个，图6-7所示为具有8个接口的路由器外观，以便连接更多的用户终端设备，还可以稳定信号和扩展传输距离。目前主流的路由器是无线路由器，支持用户终端设备无线连接，无线路由器将多个设备连接起来就组成了无线局域网（Wireless Local Area Network，WLAN）。同时，无线路由器也支持用户终端设备使用网线连接。

▲ 图6-6 单口光猫外观

▲ 图6-7 具有8个接口的路由器外观

概括而言，多台用户终端设备通过路由器相连形成一个局域网，这个局域网经光猫、光纤实现与广域网的互联。

（4）网卡

网卡用于计算机和传输介质的连接，一般可分为有线网卡和无线网卡。顾名思义，有线网卡用于将计算机与有线传输介质相连，无线网卡用于将计算机与无线传输介质相连。

3. 计算机网络软件

网络的正常工作需要网络软件的控制。网络软件一般包括网络操作系统、网络通信协议和提供网络服务功能的专用软件。

• 网络操作系统。网络操作系统用于管理网络软、硬件资源，常见的网络操作系统有UNIX、Netware、Windows NT和Linux等。

• 网络通信协议。网络通信协议是指网络中计算机交换信息时的约定，它规定了计算机在网络中互通信息的规则。互联网采用的网络通信协议是TCP/IP。

• 提供网络服务功能的专用软件。该类软件用于提供一些特定的网络服务功能，如文件的上传与下载服务、信息传输服务等。

6.3.2 移动通信技术

移动通信（Mobile Communication）是指移动体之间的通信，需要通信双方至少有一方在运动中进行信息的交换。移动通信包括两种情况：一种是移动体之间的通信，另一种是移动体与固定点之间的通信。移动通信技术是实现移动终端接入互联网的一种方式，其传输介质是无线电波。

1. 移动通信技术的发展

移动通信技术大致经历了第一代移动通信技术（1G）、第二代移动通信技术（2G）、第三代移动通信技术（3G）、第四代移动通信技术（4G）和第五代移动通信技术（5G）的发展。目前，1G、2G和3G逐渐被淘汰，主流的是4G与5G。

* 4G。4G是集3G与WLAN于一体的，能够提供高速数据传输、高质量的音视频和图像的技术。在3G时代，附图的文字资讯已经随处可见，而在4G时代，文字与图片不再是主流，视频资讯的应用更加常见。

* 5G。随着数据传输需求的爆炸式增长，现有的移动通信系统难以满足未来需求，5G应运而生。它是整合以往优势技术后构成的综合性技术，具有更高的数据传输可靠性和传输速度。理论上，5G的数据传输速度比4G提高10倍左右，能够满足消费者对虚拟现实、超高清视频等更高的网络体验需求。

除了4G、5G，第六代移动通信技术（6G）也已进入研发阶段。6G在数据传输速率、时延、移动性、定位能力等方面均优于5G，6G网络将是一个地面无线与卫星通信集成的全连接世界，可以实现"万物互联"的目标。

2. 移动终端

移动终端也叫移动通信终端，从广义上讲，一切可以在移动中使用的计算机设备都可以看作移动终端，包括手机、平板电脑、笔记本电脑和车载智能终端等，但大部分情况下主要指手机。

随着集成电路技术的快速发展，移动终端的功能越来越强大，移动终端逐步从功能简单的通话工具发展成一个智能化的综合信息处理平台。移动终端的智能化主要体现在以下4个方面。

* 移动终端具备开放的操作系统平台，如目前主流的手机主要采用安卓（Android）和iOS操作系统平台。程序人员可以在这些操作系统平台中灵活开发各种实用的应用程序，用户可以在操作系统平台中下载、安装并运行这些应用程序。

* 移动终端的操作十分简单、快捷，用户只需通过触摸屏来选择操作命令与使用应用程序，无须接入其他设备或使用按钮操作。

* 移动终端通过高效的网络接入能力与信息共享功能，能够实时处理信息。

* 在显示技术、语音识别和图像识别等多模态交互技术越来越成熟的环境下，移动

终端的人机交互功能越来越完善，未来将朝着以人为核心、更智能化的方向发展。

3. 移动互联网

移动互联网是在移动通信和移动终端技术飞速发展的情况下产生的，是一种通过移动终端，采用移动无线通信方式获取网络服务的计算机网络。与互联网相比，移动互联网的优势体现在它的移动性上，满足了用户随时随地查看、获取、传输数字媒体信息的需求。并且移动互联网与互联网是相互融合的，一方可以使用手机发送或接收信息，一方可以使用计算机接收或发送信息。

6.3.3 流媒体技术

流媒体是指采用流式传输技术在网络上连续实时播放的媒体格式，也可以说它是利用流式传输技术使音视频等数字媒体在网络中传输的形式。所以，流媒体技术也称流式传输技术。

流式传输技术可分为两种，一种是实时流式传输，另一种是顺序流式传输。

● 实时流式传输。实时流式传输用于实时传输数据，如现场直播、视频会议等，图6-8所示为视频会议的应用场景，双方可实现"面对面"交流。需要注意的是，要想获得高质量的实时流式传输体验，就需要良好的网络环境，如果网络环境不佳，流媒体会为了保证流畅度而降低内容质量。

▲ **图6-8 视频会议应用场景**

● 顺序流式传输。采用这种方式，数字媒体在播放时，会预先下载一段内容作为缓冲区，当网络实际速度小于播放耗用文件的速度时，播放程序就会取用缓冲区内的内容进行播放，同时继续下载一段新的内容到缓冲区，避免播放中断。这种传输方式，使用户可以一边播放数字媒体，一边下载数字媒体。现在视频网站在线播放视频，一般都采用这种传输方式，如图6-9所示。

▲ 图6-9　视频网站在线播放视频

在运用流媒体技术时，音视频文件需要采用相应的流媒体格式，MP4、MOV、AVI、WMV、SWF、RM、ASF等都是适用于流媒体技术的常见文件格式。

6.3.4　数字媒体文件压缩、传输与转换工具的应用

数字媒体文件压缩、传输与转换工具是在数字媒体传输场景中经常使用到的应用软件。顾名思义，压缩工具用于减小数字媒体文件的数据量，传输工具用于数字媒体文件的网络传输，转换工具用于数字媒体文件的格式转换。

1. 数字媒体文件压缩工具

用户与用户之间通过网络传输数字媒体文件时，一般文件越大越耗费传输时间。因此，在传输较大的文件或多个文件前，可通过文件压缩工具减小文件，以提高文件传输效率。常见的压缩工具有WinRAR、360压缩、7-zip、快压等，它们的使用方法相似，属于无损压缩，可以减少文件数据量而不使文件受损。以360压缩为例，用户首先在计算机中选择一个或多个文件、文件夹，单击鼠标右键，在弹出的快捷菜单中选择【添加到文件】命令，启动压缩工具，在打开的对话框中设置压缩文件的保存位置和名称后，单击 立即压缩 按钮，完成压缩后在保存位置可查看到压缩后的文件，文件后缀名为 ".zip"，如图6-10所示。

> 🔔 提示
>
> WinRAR、360压缩、7-zip、快压等压缩工具的压缩文件格式主要有RAR、ZIP、7z等。RAR是WinRAR的专用格式，ZIP、7z是开放性的、免费的格式，支持其他压缩工具，兼容性更好。RAR、ZIP、7z三者相比，通常7z的数据压缩比略高于RAR，RAR的数据压缩比高于ZIP，而ZIP的数据压缩速度高于RAR和7z。目前，对普通用户来说，常用的压缩文件格式是ZIP，因为相比RAR和7z，它压缩速度快且完全免费，而RAR需要付费使用。7z属于后起之秀，知名度不及RAR和ZIP。

▲ 图6-10　使用360压缩压缩文件

2. 数字媒体文件传输方式

　　文件传输的方式有很多，如通过QQ、微信等即时通信工具传输文件，这种传输方式简单便捷，但上传文件的保存时间不长，一般也不适合大文件的传输。也可以采用在线存储的方式传输文件。例如，通过百度网盘传输文件，首先将文件上传至该网盘保存，可进行长时间的保存，并支持大容量的文件；然后通过文件共享的方式，将文件传输给需要的用户。

　　下面通过百度网盘的客户端进行文件传输，具体操作如下。

　　（1）首先在计算机中安装百度网盘，然后启动百度网盘，进入登录界面，输入百度账号或QQ账号登录。

　　（2）进入百度网盘客户端主界面，在工具栏中单击 按钮，如图6-11所示。

　　（3）打开【请选择文件/文件夹】对话框，在其中选择需上传的文件，然后单击 存入百度网盘 按钮，如图6-12所示。

微课视频

使用百度网盘传输文件

▲ 图6-11　单击【上传】按钮

▲ 图6-12　选择文件并上传

（4）文件上传到网盘后，选择该文件，在工具栏中单击 分享 按钮，如图6-13所示。

（5）打开【分享文件】对话框，单击【链接分享】选项卡，然后在该选项卡中选中【自定义提取码】单选项，并在下方的文本框输入提取码，单击 创建链接 按钮，如图6-14所示。

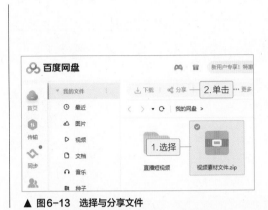

▲ 图6-13　选择与分享文件

▲ 图6-14　创建分享链接和提取码

（6）单击 复制链接及提取码 按钮复制链接和提取码，如图6-15所示。

（7）将链接和提取码通过QQ、微信等方式发送给好友，好友将通过链接打开网页，如图6-16所示，输入提取码之后可进行下载操作。

▲ 图6-15　复制链接与提取码

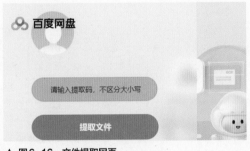

▲ 图6-16　文件提取网页

🔔 提示

除了通过百度网盘的客户端进行文件存储与传输外，还可在百度网盘的网页端和移动端进行文件的存储与传输，两者操作方法相似。

人才素养

在百度网盘中共享文件时，不可有传播不良信息、色情低俗信息等行为，这些行为不仅会受到平台的抵制和处罚，也是违法行为。传播有益的、有用的信息，维护干净的网络环境是每个网络用户的责任。

3. 数字媒体文件转换工具

我们知道，一些数字媒体文件有其专用的播放软件，如MOV视频文件的专用播放器是QuickTime Player，把该类视频文件用其他软件播放或编辑处理时，会出现兼容性不好、无法正常打开或使用效果不好的情况。另外，将数字媒体文件上传到微信、微博、抖音及淘宝、京东等平台时，这些平台有时只支持用户上传指定格式的文件。为了方便，我们大多时候需要转换数字媒体文件的格式，使其能正常播放、编辑或上传。

常用的数字媒体文件转换工具有格式工厂、视频转换器、迅捷视频转换器等，它们的操作方法相似。下面以使用格式工厂将TIF格式文件转换为JPEG格式文件为例，介绍转换数字媒体文件格式的方法，具体操作如下。

微课视频

使用格式工厂转换文件格式

（1）启动格式工厂，在【功能导航】面板中单击【图片】选项卡，在展开的【图片】选项卡中选择【JPG】选项，如图6-17所示。

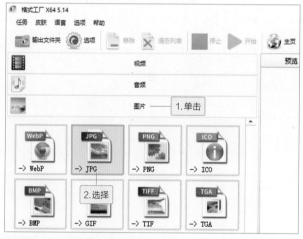

▲ 图6-17　选择转换格式类型

（2）打开【JPG】对话框，在其中单击 按钮，如图6-18所示。

（3）打开【请选择文件】对话框，选择要转换的"风景.tif"图片（配套资源：素材文件\第6章\风景.tif），然后单击 打开(O) 按钮，如图6-19所示。

（4）返回【JPG】对话框，此时所添加的文件将显示在文件列表框中，单击输出位置栏中的【浏览】按钮 ，如图6-20所示。

> 🔔 **提示**
>
> 格式工厂支持大多数的图片、音频、视频文件格式的相互转换。同时在转换文件格式时，支持批量转换多个文件。

▲ 图6-18　单击【添加文件】按钮

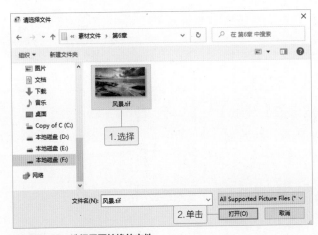

▲ 图6-19　选择需要转换的文件

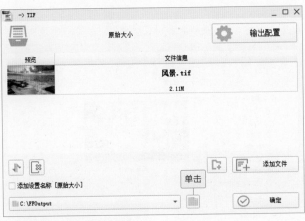

▲ 图6-20　单击【浏览】按钮

（5）在打开的【Please select folder】对话框中选择一个文件夹作为输出文件时的保存位置，然后单击 选择文件夹 按钮，如图6-21 所示。

157

▲ 图6-21　设置输出文件的保存位置

（6）返回【JPG】对话框，单击⊘　确定　按钮。此时在格式工厂主界面的"文件列表区"面板中将自动显示所添加的文件，选择该文件，单击工具栏中的【开始】按钮▶，如图6-22所示，执行转换操作。

（7）转换完成后，单击主界面左上角的【输出文件夹】按钮，

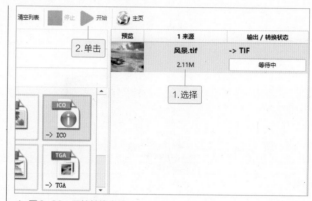

▲ 图6-22　开始转换文件

可打开保存输出文件的文件夹查看效果，如图6-23所示（配套素材：效果文件\第6章\风景.jpg）。

▲ 图6-23　查看转换后的文件

数字媒体文件转换与传输实践

1. 实训背景

本次实训为数字媒体文件的转换与传输实践，可供亲身体验数字媒体文件的转换与传输过程，直观了解文件压缩、存储与传输的技术应用。实践结果只用于本次实训，并不作为最终的结论。

2. 实训目标

（1）了解不同文件格式的数据量差异。

（2）掌握基本的文件格式转换与传输方法。

（3）培养动手能力和思考能力。

3. 任务实施

（1）收集视频素材

准备1个分辨率为720P，大小为500MB左右，格式为MP4的视频文件。

（2）转换文件格式

在计算机中安装格式工厂，然后使用格式工厂将MP4格式的视频文件分别转换为MOV、AVI、WMV格式的视频文件。

① 转换文件格式后，记录这4种格式的视频文件大小，说明哪种格式的视频文件数据量小，哪种格式的视频文件数据量大。

_____

_____

② 使用格式工厂之类的文件转换工具转换视频文件格式，是否会影响视频的质量？为什么？

_____

_____

（3）传输文件

① 在相同环境下（同一个计算机和网络），使用QQ在线传输这4种格式的视频文件，将文件发送给好友，并记录完成文件传输各自所花费的时间。

_____

_____

② 在这种方式下，除了文件大小会影响文件传输速度外，文件格式的不同是否会影响文件传输速度？

_____

_____

本章小结

数字媒体压缩、存储和传输技术是数字媒体技术中非常重要的部分。

数字媒体的原始数据量很大，特别是数字视频，为提高存储和传输效率，需要压缩数字媒体，去除原始数据中多余的数据，达到减小数据量的目的。压缩技术是数字媒体高效存储和传输的基础，它可以降低数字媒体的存储空间和传输带宽需求。

存储是管理数字媒体的重要环节。随着相关技术的发展，各种存储设备的容量持续增大，访问速度不断提高，同时云存储也成为一种流行的文件存储方式，方便用户远程访问和共享媒体文件。数字媒体的传输离不开计算机网络技术、移动通信技术、流媒体技术的支撑，其中，计算机网络技术、移动通信技术的发展和应用使数字媒体信息"往来于"世界各地，而流媒体技术则用于实时传输与播放音视频数据。

同时，随着数字媒体在我们的生活、学习、工作中扮演着越来越重要的角色，掌握数字媒体文件压缩、传输和转换工具的应用，是处理数字媒体的基本要求之一。

课后习题

1. 单项选择题

（1）下列选项属于静态图像压缩标准的是（　　）。

    A. JPEG标准   B. MP3标准

    C. SWF标准   D. MPEG-4标准

（2）我国具有自主知识产权的数字媒体压缩标准是（　　）。

    A. AAS   B. ADS   C. AXS   D. AVS

（3）数据经压缩，解压后的数据恢复如初，属于（　　）。

    A. 有损压缩   B. 无损压缩   C. 有损编码   D. 无损编码

（4）1GB可表示为（　　）。

　　A. 1024TB　　　　B. 1000TB　　　　　C. 1024MB　　　　　D. 1000MB

（5）用于将光信号转换为电信号的计算机网络硬件是（　　）。

　　A. 网线　　　　　B. 光猫　　　　　　C. 路由器　　　　　D. 网卡

2. 多项选择题

（1）目前常见的数字媒体存储介质有（　　）。

　　A. 移动硬盘　　　B. U盘　　　　　　C. 软盘　　　　　　D. 光盘

（2）下列选项属于数字媒体压缩标准的有（　　）。

　　A. MPEG-4标准　　　　　　　　　　B. H.264

　　C. MP3标准　　　　　　　　　　　　D. H.265

（3）有线传输介质包括（　　）。

　　A. 双绞线　　　　B. 同轴电缆　　　　C. 光纤　　　　　　D. 红外线

（4）下列选项适用于流媒体技术的文件格式的有（　　）。

　　A. MP3　　　　　B. MOV　　　　　　C. AVI　　　　　　D. WMV

3. 思考练习题

（1）什么是计算机网络？什么是移动通信？

（2）简述流式传输的两种方式。

（3）路由器在计算机网络中的作用是什么？

（4）在计算机中下载安装任意的压缩软件和百度网盘，压缩超过1GB的文件，将其上传到百度网盘中保存。

（5）在互联网中下载5幅PNG格式的图像，然后使用格式工厂将这些文件批量转换为JPG格式。

07

第 7 章　融媒体技术

"融媒体"这个概念来源于媒介融合理念，而"媒介融合"由美国学者尼古拉·尼葛洛庞帝（Nicholas Negropoute）于1978年提出，指各种媒介呈现多功能一体化趋势，体现了广播、电视和报刊等传统媒体间的互动关系。随着时代的变迁，"融媒体"被赋予了新意义，但其核心仍是媒介的融合，旨在利用新兴技术发掘、开发传统媒体和新媒体的传播价值，使传统媒体与新媒体深度融合，从而发挥较大的经济和社会效益。

—— **学习目标**

1　了解融媒体的概念与特征。

2　熟悉融媒体技术的研究内容与应用。

3　了解数据中心基础设施及信息处理系统的结构与运作。

4　了解融媒体广播电视安全播出需求、标准及政策、安全播出机制。

—— **素养目标**

1　提高个人修养和专业素质，生产高质量的信息内容。

2　提高独立思考和信息辨别能力。

—— **思维导图**

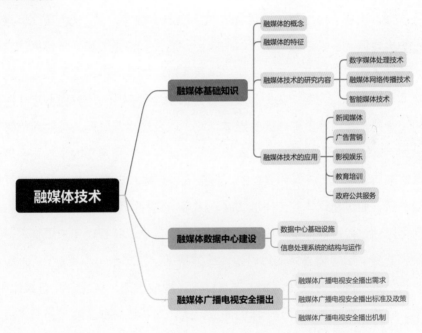

7.1 融媒体基础知识

广播的诞生与发展使报纸成为传统媒体，电视的发展与普及使广播成为传统媒体，互联网的兴起使电视成为传统媒体。传统媒体与新媒体总是相对的，为了使信息得到更广泛、更便捷、更快速、更有效的传播，媒体融合成为一种重要的途径，人们对此进行不断地尝试和探索，如在20世纪90年代互联网初步发展的时期，一些传统媒体就开始利用互联网开展多媒体信息传播。

7.1.1 融媒体的概念

对于传统媒体来说，它的信息传播载体和信息传播形式比较单一。然而，随着互联网和移动设备的日益普及，信息传播载体和信息传播形式的发展趋于多样化，迅猛发展的新媒体平台，不断分割着传统媒体的市场份额、挑战其主流地位。本书所提出的融媒体是指将广播、电视、报纸等传统媒体与数字杂志、数字广播、数字电视、数字电影、手机报、手机短信、手机杂志等新媒体相结合，通过多种渠道和平台传播信息内容的媒体形态。融媒体强调传统媒体与新媒体"资源通融、内容兼融、宣传互融、利益共融"，是传统媒体与新媒体在内容、人力、宣传等方面的全面整合。它通过数字化手段整合文字、图片、音频、视频等多种形式的媒体资源，以及运用互联网、移动通信等新技术手段，提供更丰富、更全面的信息，实现信息的多元化传播和用户的个性化获取。简而言之，融媒体本质上是为传统媒体服务的，将报纸、广播、电视上的内容，往互联网、移动端转型发展，通过新媒体的传播形式展现出来。这种两者兼有的形式就是融媒体，它使用户既可以通过传统媒体也可以通过新媒体获取信息，并且让用户更直观、更准确地理解内容和服务。融媒体具体的体现如传统的报纸、杂志推出小程序、App等电子版阅读方式，一方面提高了时效性，另一方面突破了地域约束；电视台和新媒体平台联手，采用直播、回放、点播等功能于一体的播放方式，如春节联欢晚会与抖音平台、腾讯视频的合作，大大增强了受众的主观能动性和互动性。

7.1.2 融媒体的特征

融媒体在传统媒体与新媒体融合的形势下，其媒体形式、生产平台和传播方式都发生了很大变化。它的主要特征体现在媒体信息的多样性、实时性、交互性、个性化及跨平台传播等方面。

● 媒体信息的多样性。融媒体将文字、图片、音频、视频等多种形式的媒体信息进行整合，使得信息传播的类型更加丰富多样。用户可以通过不同的媒体形式获取信息，选择适合自己的方式进行阅读、收听或观看。

● 媒体信息的实时性。融媒体可以将互联网和移动设备作为媒体信息的传播平台，从而实现信息的即时传播和反馈。例如，通过直播平台进行直播活动，能够达到主播与用户"面对面"交流的效果。

● 媒体信息的交互性。融媒体使信息的生产发布者和接收者可以方便地、有效地进行双向交流。例如，用户可以通过评论、点赞、分享等方式与信息的生产发布者进行交互。这种强交互性使得信息传播更加立体化，可以让用户参与到信息的生产和传播过程中，增强了用户的参与感和归属感。

人才素养　任何事物都有其双面性，融媒体也不例外。它在媒体信息的多样性、实时性、交互性、个性化、跨平台传播等方面发挥巨大作用，同时也会产生一些负面效应。比较典型的问题是，一些有较强传播能力的新媒体人利用融媒体的优势，使新闻热点更广泛、更高效传播，同时新闻信息也呈现出片面化、部分内容低俗化、过度娱乐化的状态。这种状态下的弊端，是信息传播仅仅达到了博人眼球的目的，但是却不能带给用户更多的思考，还可能误导用户，没有什么价值和意义，还产生负面舆情，造成不良影响。所以，在融媒体形式下，信息内容的生产者要提高个人修养和专业素质，生产出高质量、有价值的信息内容；而信息的接收者和传播者，也要提高独立思考和信息辨别能力，不信谣不传谣，不能随波逐流，避免成为他人获利的工具，从而阻断不良信息的传播，净化媒体信息传播环境。

● 媒体信息的个性化。融媒体可以根据用户的个性化需求，通过分析用户的浏览记录、点击行为等数据，提供符合用户兴趣和偏好的内容，提升用户体验。

● 媒体信息的跨平台传播。融媒体不受时间和空间的限制，可以在不同平台上进行传播。无论是电视、广播、报纸、杂志，还是互联网、移动设备，都可以成为融媒体的传播平台。这使得媒体信息可以更广泛、更高效地传播，覆盖更多的受众群体。

7.1.3　融媒体技术的研究内容与应用

融媒体技术是用于融媒体内容采集、存储、制作、播出、分发、传输、接收等各环节各种技术的统称，涉及的技术繁多。

1. 融媒体技术的研究内容

融媒体不是简单地将传统媒体和新媒体相叠加，而是全面整合两者的内容、人力、宣传等环节，其技术体系错综复杂，主要研究内容可归纳为数字媒体处理技术、融媒体网络传播技术和智能媒体技术。

（1）数字媒体处理技术

在融媒体形式下，将传统媒体的信息内容分发至新媒体平台，需要数字媒体处理技术的支持。数字媒体处理技术主要包括数字图像技术、数字音频技术、数字视频技术等。数字媒体处理技术可将图像、音频、视频等信息内容数字化，提高信息内容展示的质量，编码压缩数字媒体的数据量等，使数字媒体信息内容便于存储和传输；同时，还可通过语音合成与语音识别、人机交互、虚拟现实等技术，为用户提供更多样的信息获取和交互方式，提升用户体验。

（2）融媒体网络传播技术

融媒体包括多种网络传播方式，如广电网络、电视网络、互联网络、移动通信网络等。在人们越来越依赖于通过移动端获取、传播媒体信息的环境下，5G移动通信技术的快速发展为融媒体带来了机遇。5G网络具有低延时、高传输速率、高可靠性等优势，在5G网络中，媒体信息传播更迅速，媒体间的信息共享更加紧密。尤其是数字视频正朝着超高清的趋势发展，超高清使图像的分辨率和清晰度有了质的飞跃，而5G网络符合当前超高清4K（3840像素×2160像素）或8K（7680像素×4320像素）分辨率的数字视频传输需求，可以为用户提供更出色的视觉体验。

（3）智能媒体技术

智能媒体技术的关键是对云计算、大数据、人工智能等新兴技术的研究探索与应用，从而为用户提供更加智能化的服务。

• 云计算。云计算是指通过计算机网络形成的计算能力极强的系统，可存储+集合相关资源并可按需配置，向用户提供个性化服务，通常涉及通过互联网来提供动态、易扩展且经常是虚拟化的资源。一般来说，为达到资源整合输出目的的技术都可以被称为云计算，云计算在融媒体中的典型应用是云存储。云存储是一种新兴的网络存储技术，通过云存储，用户可以在任何时间、任何地点，以任何可联网的装置连接到云（"云"是形容互联网的一种说法）上存取数据。在使用云存储功能时，用户只需要为实际使用的存储容量付费，不用额外安装物理存储设备，这降低了使用成本。

• 大数据。大数据是指无法在一定时间范围内用常规软件工具进行管理、处理的数据集合。针对大数据进行分析的大数据技术，是指为处理、存储、分析大数据而采用的软件和硬件技术，也可将其看作面向数据的高性能计算系统。在融媒体中，通过大数据技术的数据挖掘与分析能力，一方面可以获取用户的信息偏好，向用户推荐其感兴趣的信息内容，实现差异化、个性化服务，另一方面可以尽力清理垃圾信息和控制垃圾信息的传播。

● 人工智能。人工智能是计算机科学的一个分支，是研究、开发用于模拟、延伸和扩展人的智能的理论、方法、技术及应用系统的一门新兴技术学科。它在图像处理、语音合成、语音识别、内容检索、人机交互、虚拟现实等领域都有着广泛应用，并发挥重要作用。

2. 融媒体技术的应用

融媒体技术应用较广泛的领域包括新闻媒体、广告营销、影视娱乐、教育培训、政府公共服务等。

● 新闻媒体。融媒体对新闻媒体的影响较为显著，通过融合各种形式的媒介和信息传播技术，新闻媒体能够实现更加全面、快捷、立体的新闻报道和信息传播。例如，人民日报在今日头条、抖音等新媒体平台开通了官方账号，如图7-1所示，实现信息的多平台传播，覆盖更广泛的人群，扩大新闻信息的传播范围，提高新闻信息的影响力。此外，很多地方报纸、新闻广播电视台等也在新媒体平台开通了官方账号。

▲ 图7-1　人民日报在今日头条（左图）与抖音（右图）的官方账号

● 广告营销。融媒体可以通过不同的渠道发布和推广广告内容，如搜索引擎、社交媒体、直播等，以提高广告的曝光率和转化率。

● 影视娱乐。传统的电影、电视剧、综艺节目等媒体可以通过融媒体进行宣传和推广，以吸引更多观众。例如，出品方与视频网站合作，用户通过云影院付费在线观看电影，图7-2所示为爱奇艺云影院频道。同时，观众也可以通过参与影片或节目的讨论和互动，增强娱乐体验。

● 教育培训。融媒体可应用于教育机构的在线课

▲ 图7-2　爱奇艺云影院频道

程创作、远程教学、多媒体教材制作、学习管理等方面，提供更加灵活、多样化的教学方式。

- 政府公共服务。政府机构可以利用融媒体平台，向公众发布政策信息、实时通报突发事件、提供在线服务。

7.2 融媒体数据中心建设

在融媒体形式下人们需要进行大量的数据处理，整合不同媒体的信息资源，使之互相协作，达到更好的效果。因此，发展融媒体需要建设专门的数据中心，而建立数据中心需要配套相应的基础设施，以保障数据中心正常运作。

7.2.1 数据中心基础设施

融媒体数据中心基础设施一般由供配电系统、不间断电源系统、终端配电系统、安全系统和空调系统等系统组成。

- 供配电系统。供配电系统为数据中心提供基础的电力资源。

- 不间断电源系统。当市电（供市民使用的电源）输入正常时，不间断电源系统起到稳压的作用并进行储能；当市电中断（如事故停电）时，不间断电源系统立即将储存的电能输出给负载使用。也就是说，不间断电源系统主要是为信息处理系统提供不间断的电力资源，确保信息处理系统设备的可靠运行。

- 终端配电系统。终端配电系统是直接服务于信息处理系统的末端配电设施。

- 安全系统。安全系统包括安防、灭火、监控等设施，为信息处理系统设备的运行安全、连接及维护提供基本的保障。

- 空调系统。空调系统为信息处理系统提供所需要的冷量，确保信息处理系统正常工作。

7.2.2 信息处理系统的结构与运作

信息处理系统是提供集中的数据运算、处理能力的计算机系统，它是数据中心的核心部分。信息处理系统包括硬件和软件部分，硬件部分主要是服务器和网络设备，软件部分主要是软件系统和数据库管理系统。

- 服务器。服务器用于运行软件系统和数据库管理系统，是进行数据处理、存储、传输等的高性能计算机（具备强大的计算能力、更大的存储空间），在网络中为其他客户机（如计算机、手机等终端设备）提供应用服务。

- 网络设备。网络设备是指用来连接服务器和其他客户机，构成信息通信网络的硬件设备，如路由器、网络传输介质等。

- 软件系统。软件系统包括系统软件和应用软件，系统软件负责管理计算机的软硬件资源，应用软件是解决实际应用问题的计算机程序。

- 数据库管理系统。数据库管理系统（Database Management System，DBMS）是一种用于建立、使用和维护数据库的大型软件。它对数据库进行统一的管理和控制，以保证数据库的安全性和完整性。用户通过DBMS访问数据库中的数据，数据库管理员也通过DBMS进行数据库的维护工作。

信息处理系统可以为用户提供多种服务，如视频点播、云存储、网站访问等。以视频点播为例，用户通过计算机或手机联网，访问信息处理系统中的服务器，并向数据库管理系统发出视频点播服务的请求；服务器响应后，根据用户的需求，通过数据库管理系统调用数据库中的资源，以较快的速度传输相应的视频文件，并通过缓存技术，提升用户的观看体验。

7.3 融媒体广播电视安全播出

融媒体信息尤其是融媒体广播电视中的信息互联互通的程度较深，为保障基础设施、网络、数据安全，避免信息泄露、信息窃取、信息破坏、网络攻击等情况发生，持续推进融媒体的发展，需要有安全高效的技术体系支撑。

7.3.1 融媒体广播电视安全播出需求

广播电视是一种通过无线电波发送音频和视频信号的媒体形式。它的优点是覆盖范围广，可以传递新闻、教育、娱乐等信息，而且可以同时传输音频和视频信息。广播电视作为人们获取信息的重要途径，在信息传播中承载着重要意义，所以广播电视的安全播出显得尤为重要。

所谓的广播电视安全播出需求，是指保证广播电视在播出过程中保持安全稳定的状态，使信息得到高效传播，使人们顺利地获取流畅的、真实的媒体信息内容。这不仅需要做到信号传输安全，播出内容真实无误，还要提供高质量的声画效果，并保证人们能够接收稳定的信号。

7.3.2　融媒体广播电视安全播出标准及政策

为应对影响或威胁广播电视正常播出和传输的突发事件，如破坏侵扰事件（包括干扰插播、攻击破坏等）、信息安全事件（包括有害程序、网络攻击、信息破坏、信息内容安全、设备设施故障等），国务院颁布了我国第一部全面规范广播电视活动的行政法规《广播电视管理条例》，用以加强广播电视法制建设，规范广播电视行为，依法管理、建设广播电视事业，促进中国特色的广播电视事业蓬勃发展。

7.3.3　融媒体广播电视安全播出机制

要创建一个良好的广播电视播出环境，实现稳定高效的信息传播，需建立有效的广播电视安全播出机制，主要包括完善安全播出管理制度、加强安全播出技术创新和提高从业人员综合素质这3方面的内容。

- 完善安全播出管理制度。完善安全播出管理制度，要通过安全管理机制，明确不同部门与岗位的责任。加大制度约束力度，落实各岗人员职责，以免出现无人负责的情况。联合广播电视安全技术管理情况，围绕市场特点、技术标准，通过安全管理技术，消除安全隐患。同时，注重提升广播电视监督与管理水平。

- 加强安全播出技术创新。不只利用数据加密技术、防火墙技术、防病毒技术等传统手段建立安全防御系统，还要借助5G、云计算、大数据、人工智能等前沿技术，推进广播电视行业迈向更高层次的发展，使广播电视行业运用现有的科技成果，打造一个智能化的安全播出系统，提升信息传输效率和数据安全性，以提升节目播出的品质。

- 提高从业人员综合素质。广播电视行业对人才的需求量大，节目传输、设备管理与使用，都应由专业人才负责，所以必须注重广播电视人才培养。一是注重从业人员职业道德素质教育，使其树立正确的价值观念，强化大局意识、责任意识，不断提升思想道德水平；二是加强培训广播电视安全播出人员的业务能力，扩展新知识、新技术的获取渠道，提高其专业技能和安全意识，确保安全播出目标实现。

课堂实训

县级融媒体中心建设现状分析

1. 实训背景

县级融媒体中心是在国家体制和统一改革格局下建立的县级新型传媒单位，是整合县级广播电视、报刊、新媒体等资源，开展媒体服务、政务服务、公共服务、增值服务等业务的融合媒体平台。县级融媒体中心相对于省市融媒体中心而言，具有更加贴近基层、更加贴近群众的天然优势，也更加清楚基层百姓的所需所急所盼所求。县级融媒体中心在引导群众、服务群众，提升基层新闻工作的传播力、引导力、影响力和公信力等方面具有重要意义。本次实训通过查阅信息分析县级融媒体中心建设现状。

2. 实训目标

（1）加强理解融媒体相关知识。

（2）培养善于使用各类媒体查询、分析信息的能力。

（3）关注国家融媒体建设与发展策略，培养责任意识。

3. 任务实施

通过各种途径，如通过互联网搜索，查看县级融媒体中心在今日头条、抖音等平台开设的融媒体中心号，或进行实地考察了解县级融媒体中心建设的总体情况，从以下几方面分析县级融媒体中心建设和发展情况。

① 县级新闻报道的质量与变化。

_____

② 县级政府的政策信息是否有效传递。

_____

③ 对县域形象的塑造有何作用。

_____

④ 融媒体中心设备管理维护和技术创新情况。

_____

⑤ 人才储备与培养情况。

_____

⑥ 县级融媒体中心建设与发展的有效策略。

 本章小结

融媒体是传统媒体与新媒体在内容、人力、宣传等方面的全面整合。它通过数字化手段整合文字、图片、音频、视频等多种形式的媒体资源，并运用互联网、移动通信等新技术手段，提供更丰富、更全面的信息，实现信息的多元化传播和用户的个性化获取。用于融媒体内容采集、存储、制作、播出、分发、传输、接收等各环节的各种技术都属于融媒体技术，主要涉及数字媒体处理技术、融媒体网络传输技术和智能媒体技术的探索研究，应用于新闻媒体、广告营销、政府公共服务等领域。

在融媒体形式下人们需要进行大量的数据处理，因此发展融媒体需要建设专门的数据中心，以整合不同媒体的信息资源，使之互相协作。同时，融媒体的发展对广播电视的安全播出提出了更高要求，广播电视行业需建立相应的融媒体广播电视安全播出机制。

课后习题

1. 单项选择题

（1）用户可以通过评论、点赞、分享等方式与信息的生产发布者进行交互，体现了融媒体的（　　）。

    A. 媒体信息的多样性   B. 媒体信息的实时性

    C. 媒体信息的交互性   D. 媒体信息的个性化

（2）（　　）是一种用于建立、使用和维护数据库的大型软件。

    A. 服务器   B. 网络设备

    C. 软件系统   D. 数据库管理系统

（3）（　　）为数据中心提供基础的电力资源。

    A. 供配电系统   B. 不间断电源系统

    C. 空调系统   D. 信息处理系统

2. 多项选择题

（1）下列选项对融媒体描述正确的有（   ）。

    A. 融媒体是新媒体

    B. 融媒体是与传统媒体无关的媒体形式

    C. 融媒体是传统媒体与新媒体的深度融合

    D. 融媒体是传统媒体与新媒体在内容、人力、宣传等方面的全面整合

（2）下列选项属于传统媒体的有（   ）。

    A. 报纸　　　　　　B. 广播　　　　　　C. 电视　　　　　　D. 网络

3. 思考练习题

（1）简述融媒体的概念与特征。

（2）简述信息处理系统的结构与运作。

（3）列举两个融媒体技术的应用案例。

（4）如何建立融媒体广播电视安全播出机制？

08

第8章　人机交互技术

计算机的产生是二十世纪科学技术领域最伟大的成就之一，计算机的应用和发展使人类迅速步入了信息社会，给人类的生产、生活方式带来了深刻的影响。人机交互技术和计算机的发展相辅相成，计算机性能的提升促进了人机交互技术的发展，而人们利用计算机进行信息处理时，便需运用人机交互技术。因此，人机交互技术也是数字媒体技术的重要研究领域。

—— **学习目标**

1 了解人机交互的概念、研究内容、发展历史及发展趋势。

2 熟悉主要的人机交互模式及其应用场景。

3 熟悉人机界面设计的概念、原则与流程。

—— **素养目标**

1 设计数字媒体产品要以用户为中心，考虑产品的可用性、易用性和便捷性。

2 关注人机交互技术的发展动态和存在的问题，能够更好地介入或投身到相关研究中，从理论、产品设计、技术研发等角度参与和贡献力量。

—— **思维导图**

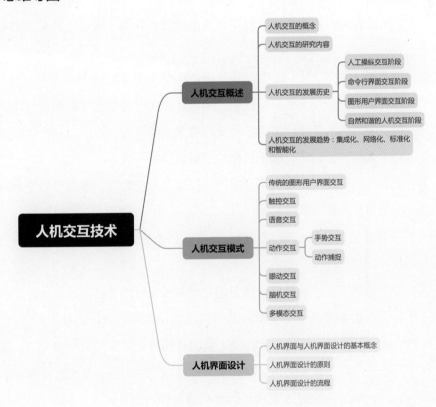

8.1 人机交互概述

人机交互作为推动科技进步的重要技术，能够带来巨大的社会效益和经济效益，是目前的热门研究领域。

8.1.1 人机交互的概念

在人类社会，小如收音机的播放按键，大到飞机上的仪表板、发电厂的控制室等，都应用了人机交互技术。

人机交互领域专家约翰·卡罗尔（John Carroll）认为：人机交互指的是有关可用性的学习和实践，是关于理解和构建用户乐于使用的软件和技术，并是能在使用时发现产品有效性的学科。

美国计算机协会（Association for Computing Machinery，ACM）对人机交互作出了如下定义：人机交互是有关交互式计算机系统的设计、评估、实现以及与之相关现象的学科。

艾伦·迪克斯（Alan Dix）教授在其所著的人机交互领域的权威教材《人机交互》一书中如此定义人机交互：人机交互是研究人、计算机以及他们之间相互作用方式的学科，学习人机交互的目的是使计算机技术更好地为人类服务。

此外，对于人机交互，还有以下几种常用描述。

• 人机交互是一门研究系统与用户之间的交互关系的学问。系统可以是各种各样的机器，也可以是计算机化的系统和软件。

• 人机交互是通过计算机输入、输出设备，以有效的方式实现人与计算机对话的技术。

• 人机交互是研究人、计算机以及它们之间的相互影响的技术。

综上所述，人机交互是一个多学科的研究领域，专注于计算机技术的设计和使用，特别是探索人类和计算机之间的交互，使人类和计算机之间形成更好的交流。通俗地理解，人机交互即用户和计算机之间双向的信息交换，包括人到计算机和计算机到人的信息交换两部分。人机交互功能主要通过计算机输入输出的外部设备和相应的软件实现，例如，计算机通过输出设备（如显示器、打印机、扬声器等）给人提供大量有关信息、提示、请示等，人通过输入设备（如鼠标、键盘、操纵杆、触摸屏、手写板）给计算机输入有关信息、提示、请示等，交互过程表现在信息在用户、计算机、输入、输出这4个部分之间的流动和转换信息描述方式上。人机交互与认知心理学、人机工程学、虚拟现实、增强现实、计算机图形学与计算机视觉等学科密切相关。其中，认知心理学与人机工程学是人机交互技术的理论基础，而虚拟现实、增强现实、计算机图形学与计算机视觉等技术与人机交互技术相互交叉和渗透，这些技术的发展也对人机交互技术产生影响。

8.1.2　人机交互的研究内容

从社会发展角度看，人机交互技术的发展使信息技术融入社会，降低广泛应用的技术门槛，带来巨大的社会经济效益；从企业发展的角度看，人机交互技术的发展能够提高生产效率，降低产品成本；从个人发展的角度看，人机交互技术的发展可以帮助用户有效降低出错率，避免由于错误引发的损失。可见，人机交互技术的发展对人类社会具有重要意义，只要有人利用计算机进行信息处理，人们对人机交互的研究就会一直持续下去。目前，人机交互的研究内容主要包括以下几个方面。

- 人机交互界面表示模型与设计方法。人机交互界面的优劣直接影响开发人机交互系统的成败。开发高质量的人机交互界面离不开研究交互模型及其设计方法。

- 可用性分析与评估。可用性是人机交互系统的重要内容，它不仅关系到人机交互的实现，更关系到人机交互能否达到用户期待的目标，以及实现这一目标的工作效率和使用的便捷性。人机交互系统的可用性分析与评估的研究，主要涉及支持可用性的设计原则和可用性的评估方法等方面。

- 多模态交互。多模态交互是一种使用多种方式（如文字、语音、视觉、动作、环境等）与计算机通信的人机交互方式，即多模态交互就是融合多种交互方式的交互模式。对多模态交互的研究，可以使用户在同一个人机交互系统中使用多种交互方式与计算机进行通信。多模态交互主要研究多模态交互界面的表示模型、多模态交互界面的评估方法以及多通道信息的融合等。

- 智能用户界面。智能用户界面的最终目标是实现人与计算机的交互，使人与计算机的交互能够像人与人之间的交流那样自然、方便。手势识别、动作捕捉、眼动跟踪、三维输入、语音识别、自然语言理解等技术都是开发智能用户界面需要攻克的难题。

- 计算机协同工作环境。计算机协同工作环境主要研究在计算机技术支持的环境下，特别是在计算机网络环境下，一个群体如何协同工作完成一项共同的任务，涉及个人与群体之间的信息传递、群体成员之间的信息共享及自动化办公过程的协调等交互活动。计算机协同工作环境的最终目标是要设计出能支持各种各样协同工作的应用程序和系统，以及研究实现它们的方法。

- 信息可视化设计。人机交互的最终目的是使人们通过计算机轻松完成想做的事情，同时提高工作效率。信息可视化是人机交互的重要一环，可视化设计是指通过视觉语言来传递信息和表达想法，其目的是使用户在交互界面上获得更好的用户体验。

8.1.3　人机交互的发展历史

人机交互的发展历史，是指从人适应计算机到计算机不断适应人的发展史。人机交互的发展与人机交互界面的发展息息相关，大致经历了以下4个阶段：人工操纵交互阶段、命令行界面交互阶段、图形用户界面交互阶段、自然和谐的人机交互阶段。

1. 人工操纵交互阶段

由于受到制造技术和成本等因素限制，初期的人机交互设计强调输入、输出信息的精确性，而较少考虑人的因素（即人操作设备的便捷性、易用性等），导致设备的使用不够自然和高效。因此，早期的人机交互是十分"笨拙"的。图8-1所示为霍华德·艾肯（Howard Aiken）教授，在1944年开发完成的大型自动数字计算机"马克一号（Mark I）"，它需要人工操作由指示灯和机械开关组成的操纵界面，来执行相应的命令。

▲ 图8-1　"马克一号（Mark I）"大型自动数字计算机

2. 命令行界面交互阶段

小型计算机键盘的广泛应用将人机交互带入了命令行界面（Command Line Interface, CLI）交互阶段。命令行界面交互阶段的主要特点是计算机的使用者可以通过键盘输入字符命令行与计算机进行通信，如图8-2所示，从而让计算机执行相应指令。键盘输入准确率相对较高，且几乎不需要冗余的操作，所以熟练的用户可以达到非常高的交互效率。但命令行界面交互需要使用者记忆许多命令和熟练敲击键盘，有时甚至需要具备计算机领域的专业知识和技能，才能达到较高的使用效率，这大大提高了普通用户使用计算机的门槛。

▲ 图8-2　命令行界面

3. 图形用户界面交互阶段

图形显示器和鼠标的诞生与发展，推进了人机交互方式的变革，使图形用户界面逐渐取代命令行界面。图形用户界面（Graphical User Interface，GUI）又称图形用户接口，是指采用图形方式显示的计算机操作用户界面，如图8-3所示。它允许用户使用鼠标、键盘等设备操纵屏幕上的图标、按钮或菜单选项，以选择命令、调用文件、启动程序或执行其他日常任务等操作。

▲ 图8-3　图形用户界面

图形用户界面交互方式直观明了、简单易学，使不懂计算机技术的普通用户也可以熟练地使用，开拓了用户人群。特别是20世纪90年代，鼠标在计算机中的广泛使用，使信息产业得到空前的发展。

4. 自然和谐的人机交互阶段

网络的普及应用，输入、输出设备以及各种相关技术的发展，促进了人机交互技术的进一步发展。人们与计算机的交互需求不再局限于追求图形用户界面美学形式的创新，用户更希望在使用终端设备时，有着更便捷、更符合人们使用习惯的交互方式。带着这样的目的，人们将人机交互推进到自然和谐的人机交互阶段。在自然和谐的人机交互阶段，人机交互的发展可谓空前繁荣，交互方式多种多样，使人们不仅可以使用传统的方式与计算机产生交互，还可以通过声音、姿势、表情、视线等方式输入信息，与计算机完成交互。这些方式提高了人机交互的效率和自然性。

8.1.4 人机交互的发展趋势

在未来的人机交互系统中，将更加强调"以人为本""自然和谐"的交互方式，以实现人机高效合作，让计算机技术更好地服务人类。人机交互的发展趋势具体体现在集成化、网络化、标准化和智能化这4个方面。

- 集成化。集成各种交互方式，并提高各种交互方式的兼容性和可靠性，使用户可以选择不同的方式与计算机交互。

- 网络化。完善在不同交互设备、不同网络（有线网络与无线网络、移动通信网与互联网等）之间的连接和扩展，使用户可以通过跨地域的网络，在世界各地通过任意方式进行人机交互，同时支持多个用户之间以协作的方式进行交互。

- 标准化。通过人机交互领域的相关机构来制定、发布国际标准，并随着社会需求的变化而不断变化，以指导交互产品的设计、测试和可用性评估等。

- 智能化。使计算机更好地了解人的信息意图，并做出合适的反馈或动作，提高人机交互的效率和自然性，使人与计算机之间的通信像人与人交流那样自然、方便，使计算机技术更好地为人类服务。

现在，各行各业都在强调"以人为本"的理念，各种技术发展和应用的最终目的都是为了更好地服务人类。我们在设计数字媒体产品、平台时也不例外，不仅要创新美的形式，还要考虑产品的可用性、易用性和便捷性，带给用户良好的体验。

8.2 人机交互模式

目前，人机交互的模式很丰富，主要包括传统的图形用户界面交互、触控交互、语音交互、动作交互、眼动交互、脑机交互和多模态交互等类型。

8.2.1 传统的图形用户界面交互

传统的图形用户界面交互是基本的人机交互方式，它将鼠标、键盘等传统硬件设备作为输入工具，通过图形用户界面完成人机交互。

直到现在，在计算机领域，用户大多仍采用这种交互方式。用户可以使用鼠标和键盘在计算机窗口、网页界面等图形用户界面中通过菜单、图标、按钮，执行打开网页、输入文本信息、播放音视频文件等操作，以此与计算机进行交互，完成各项工作。

8.2.2 触控交互

触控交互主要指通过触碰屏幕的方式与计算机进行交互。触控交互的实现和发展得益于触控功能与显示器的一体化，使显示器从仅向用户输出可视信息的设备成为一种交互界面设备。常用的触控交互设备是触摸屏，触摸屏又称触控屏、触控面板，主要由触摸检测装置和触摸屏控制器组成。触摸检测装置安装在显示器屏幕前面，用于检测用户触摸位置，并将位置信息传送给触摸屏控制器，触摸屏控制器接收信号后将它转换成触点坐标传送给计算机的CPU，同时接收CPU发来的命令并加以执行。

触摸屏具有操作简便、界面友好、响应迅速等优点，用户只要用手轻轻地触碰触摸屏上的图标或文字就能操作计算机，这种方式使用户能直接与屏幕内容产生互动，大大提高了计算机的可操作性，较传统的键盘、鼠标输入更为便捷和人性化。近年来，触控交互技术已从单点触控发展到多点触控，单点触控只能辨认和支持每次一根手指的触控，如点击、双击；而多点触控实现了多用户、多根手指的触控，方便缩放窗口等操作。从首款触摸屏诞生至今，经过近几十年的发展，触控交互已经被广泛应用于移动设备，如图8-4、图8-5所示分别为触控交互在手机与智能车载设备中的应用场景。触控交互也常用于银行、医院、政务中心等场所的业务查询，如图8-6所示。

▲ 图8-4　触控交互在手机中的应用场景

▲ 图8-5　触控交互在智能车载设备中的应用场景

▲ 图8-6　触控交互应用于银行（左）、医院（右）场所的业务查询

8.2.3　语音交互

语音交互主要是指利用语音输入实现人机交互，它的原理很简单：用户通过语音发出指令，计算机根据指令执行相应操作或动作。

1. 语音交互的主要技术

语音交互依托的主要技术有语音识别、语音合成及自然语言处理。语音识别将音频数据转化为文本或其他计算机可以处理的信息；语音合成将输入的文本信息经过适当的处理后，尽可能输出具有丰富表现力和高自然度的语音，使计算机或相关的系统能够发出像人一样自然流利的声音；自然语言处理是指使用自然语言同计算机进行通信的技术，它的主要研究内容是让计算机"理解"自然语言，这样人与计算机之间的交互才能像人与人之间的交流那样自然、流畅。

2. 语音交互的应用场景

语言是人类最直接的交流方式之一，简短的语言沟通便可包含大量的信息，交互效率极高。因此，语音交互是最自然的交互方式之一，也是最重要的交互方式之一。与传统的图形用户界面交互相比，这种交互方式更加直观、灵活、简单，它能够使用户获得更为本真的交互体验。近年来，人工智能的发展及计算机处理能力的增强，使语音交互被广泛应用于各种虚拟服务机器人（虚拟服务机器人即没有实体的机器人）。例如，百度的"度秘"、苹果的Siri、微软的"小冰"，它们通常被内置于智能终端设备，支持自然语言输入，通过语音识别获取用户指令，根据用户需求返回匹配的结果，实现人机对话或执行指令等。语音交互也可应用于各种场景中的接引类智能服务机器人，如图8-7所示，用户可通过对话的方式向它们发出指令与其产生交互。例如，用户通过语音可以使其开启部分功能（如拍摄照片、查询信息、引导带路等），之后再由接引类智能服务机器人将任务完成情况用语音反馈给用户。

▲ 图8-7 接引类智能服务机器人在景区（左）、博物馆（右）的应用场景

语音交互还常应用于智能家居领域，例如，思必驰公司推出一款"大屏智能面板"产品，如图8-8所示，它支持语音交互，可帮助用户实现对室内照明、影音、安防、暖通设备的开关和调控，并将设备的反馈结果显示于屏幕上。

▲ 图8-8 语音交互在智能家居领域的应用场景

8.2.4 动作交互

动作交互主要通过用户的人体动作（肢体语言）实现人机交互。人体动作是指头、四肢、躯干等人的各个身体部分在空间中的姿势或运动过程。人体动作是人表达意愿的重要信号，蕴含了丰富的语义。目前，常见的动作交互方式包括手势交互与动作捕捉。

1. 手势交互

由于手的灵巧性，我们日常生活中的大部分动作都通过手来完成。以手部动作为输入信号（手势的形状、位置、运动轨迹和方向能映射成丰富的语义信息）的手势交互，是目前动作交互主要的研究方向。

手势交互的关键技术是手势识别，手势识别可分为静态手势识别和动态手势识别。

● 静态手势识别。静态手势识别即识别静止状态下人手或者手和手臂相结合所产生的各种姿势。例如，对于图8-9所示的各类静态手势，可将其语义分别定义为"抓取""释放""确定""左选"操作指令，进而可实现基于静态手势识别的交互应用。

▲ 图8-9 各类静态手势

● 动态手势识别。动态手势识别即识别人手的运动过程，动态手势由一系列的姿势组成。例如，将人手从上到下垂直运动的过程、从左向右水平运动的过程的语义分别定义为"从上到下移动/滑动""从左向右移动/滑动"操作指令，从而实现基于动态手势识别的交互应用。

与操作键盘、鼠标相比，用户能够较为自然地做出不同手势。手势交互将生活中人们习惯的手势或动作作为与计算机交互的输入信号，能够降低用户操作设备的学习成本。目前，手势识别有了一些简单的交互应用，如在智能车载系统中通过不同的手势，调节影音播放的音量大小、播放下一首音乐，以及拨打电话等，如图8-10所示。将手势识别应用到驾驶辅助系统中，使用手势来控制车内的各种功能、参数，可以让驾驶员将双眼的注意力更多地集中在道路上，提升驾车安全性。

另外，在视频直播或拍照过程中，用户通过"点赞""比心"的手势，可实时添加相应的贴纸或特效，如图8-11所示，丰富交互体验。另外，手势识别还可用于智能终端页面浏览过程中的上下切换页面。

通过两根手指的距离变化调节音量大小　　　　用手指的移动过程调节音量大小

播放下一首　　　　　　　　　　　拨打电话

▲ 图8-10　手势识别在智能车载系统中的交互应用

▲ 图8-11　手势识别在视频直播中的交互应用

2. 动作捕捉

动作捕捉技术是指确定人体骨骼关键部位的位置信息，然后通过计算机技术计算人体动作的三维空间坐标数据，从而确定人体运动轨迹和人体动作姿态。动作捕捉也不只是用于捕捉手势动作，还可以捕捉人体其他部分的动作。目前，实现动作捕捉的方式主要有两种：基于穿戴设备和传感器的动作捕捉和直接识别人体特征的动作捕捉。

185

（1）基于穿戴设备和传感器的动作捕捉

基于穿戴设备和传感器的动作捕捉是指通过配置如莱卡服、T恤、绑带、束发带、头套、手套、手环等穿戴设备，在人体骨骼关键部位放置传感器，实现人体全身的动作捕捉，主要包括传感器部署、数据传输和数据处理等步骤。

● 传感器部署。传感器是一种检测、跟踪装置，用于检测被测量物体的动态信息。根据检测目标，在所需人体骨骼关键部位部署传感器，可实时采集人体的动作数据。

● 数据传输。传感器采集到的人体动作数据可以通过线缆或无线传输技术（如蓝牙、Wi-Fi等），传输到计算机系统中。

● 数据处理。计算机系统接收传感器采集的数据后，经过计算机软硬件进行处理，确定人体运动轨迹和人体动作姿态，从而实现人体动作的识别和人机交互。

目前，基于穿戴设备和传感器的动作捕捉的主流技术是光学式动作捕捉。光学式动作捕捉通过对目标上特定光点的监视和跟踪来完成动作捕捉的任务。在进行人体动作捕捉时，首先在表演场地部署多台摄像机，这些摄像机的视野重叠区域就是表演者的运动范围。表演者一般要穿上单色的服装，并在身体的关键部位，如关节等位置贴上反光标识点。反光标识点由特殊材料制成，具有反射光源的作用，易于识别。摄像机连续拍摄表演者的动作，并将图像序列保存下来，然后进行分析和处理，识别其中的反光标识点，并计算其在每一瞬间的空间位置，进而可得到人体的运动轨迹。

知识拓展

基于穿戴设备和传感器的其他动作捕捉技术

动作捕捉技术广泛应用于游戏（见图8-12）、影视特效（见图8-13）、体育训练、智能健身和康复医疗等领域。在游戏、影视特效领域中，动作捕捉技术主要用于生成虚拟人物、制作特效，即实时记录和测量人体的运动轨迹和动作姿态，进一步在三维空间中重建人体动作的过程，如图8-14所示。

▲ 图8-12　动作捕捉在游戏中的应用

▲ 图8-13　动作捕捉在影视虚拟人物生成中的应用

▲ 图8-14　动作捕捉在影视特效制作中的应用

　　在体育训练、智能健身、康复医疗领域中，人们借助穿戴设备和传感器捕捉人体动作，可记录、分析、统计人体的动作数据，使运动员了解自身运动的量化数据，从而知道自己的运动动作和运动量是否达到标准，以便及时纠正不符合要求的动作和行为。例如，图8-15所示为北京度量科技公司基于动作捕捉技术开发的步态分析系统，该系统可以采集患者行走过程中的动作与其他运动学数据，然后与正常步态数据进行比对，判断患者异常发生的原因，帮助对患者进行诊断、安排康复训练等；图8-16所示的北京体育大学运动康复医学中心的360°运动模拟平台设备，设备的下方是带有力量传感器的动态平台，上方的扶手内也带有力量传感器，可用于评估和训练使用者的神经肌肉控制能力，还可以让使用者根据前方屏幕给予的视觉反馈信息，实时调整动作和力度。

▲ 图8-15　步态分析系统　　　　　　　　▲ 图8-16　360°运动模拟平台设备

（2）直接识别人体特征的动作捕捉

直接识别人体特征的动作捕捉不需要配置专门的穿戴设备和传感器。它首先通过部署多台摄像机从不同角度采集人体动作的图像，然后利用计算机视觉等技术处理采集到的图像，以获取人体运动位置信息，并进行人体特征识别和分类，从而实现人体动作识别和交互。直接识别人体特征的动作捕捉实时性好、稳定性强，系统结构简单，对动作捕捉环境的要求不高。

基于穿戴设备和传感器的动作捕捉与直接识别人体特征的动作捕捉在应用场景上并无太大差别，图8-17所示为北京巨萌科技公司基于计算机视觉技术实时识别人体动作的场景，使用者无须穿戴设备与传感器，相关设备能得到人体各个关节在空间中的移动和旋转数据，从而捕捉到完整的人体动作，用于驱动虚拟人物模型。虽然直接识别人体特征的动作捕捉摆脱了穿戴设备和传感器的束缚，但其实现起来较为复杂。相对而言，基于穿戴设备和传感器的动作捕捉技术更为成熟，目前在游戏、影视特效等领域中大多还是采用光学式动作捕捉完成相应工作。

▲ 图8-17　人体动作实时识别驱动虚拟人物模型

总体上，动作捕捉技术完成了将动作数字化的工作，提供了新的人机交互手段，为实现操作者以自然的动作和表情直接控制计算机，以及最终实现可以理解人类表情、动作的计算机系统和机器人提供了技术基础。与传统的遥控方式相比，这种技术可以实现更为直观、细致、复杂、灵活而快速的动作控制，大大提高机器人应对复杂情况的能力。例如，在高温、浓烟、有毒、缺氧等各种危险、复杂环境中作业时，机器人将环境信息传送给操作者，操作者根据信息做出各种动作，动作捕捉系统将动作捕捉下来，实时传送给机器人，并控制其完成同样的动作。在当前机器人全自主控制技术尚未成熟的情况下，这一技术有着特别重要的意义。

8.2.5 眼动交互

眼动交互主要是基于眼动追踪技术实现人机交互。所谓眼动追踪，是指测量眼睛的注视点或眼睛相对于头部运动的过程。也就是说，眼动交互利用眼动跟踪技术记录人的眼球运动数据及其注视方向，分析确定人眼的注视点，进而为人机交互提供数据输入和控制输出，实现人与计算机之间的交互。

1. 眼动交互的装置

眼动交互过程中需要专门的装置，如眼动仪，眼动仪是用于记录人在处理视觉信息时的眼动轨迹特征的仪器。在日常应用场景中，眼动仪主要有头戴式眼动仪（见图8-18）和桌面式眼动仪（见图8-19）。头戴式眼动仪外观像一副眼镜，也可称为"眼动追踪眼镜"，可直接佩戴，便携性好，可应用于室内、室外。桌面式眼动仪检测数据准确率高，适用于室内，通常安装在计算机显示器下方，便于计算出用户在屏幕上注视的位置。

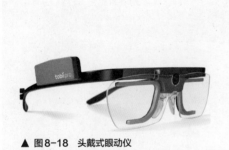

▲ 图8-18 头戴式眼动仪

▲ 图8-19 桌面式眼动仪

2. 眼动交互的方式

常用的眼动交互方式包括注视、眨眼和眼跳。

● 注视。当注视点的停留时间达到一定程度后（一般至少持续0.1秒），可以利用视线代替鼠标或键盘等传统输入设备，触发相应的执行操作。大多数眼动信息只有在注视时才能获得并进行加工，因此，注视是一种主要的眼动交互方式，多用于控制图形界面或定位鼠标指针等。

● 眨眼。使用眨眼行为进行交互时，需要识别有意识地眨眼，例如，眨眼频率超过一定程度，或在一次眨眼过程中眼睛闭合的时间超过某个阈值。眨眼交互方式较为简单，但是当人眼处于长时间闭合状态时，由于眼动仪无法捕捉瞳孔，可能会导致注视点的丢失，在一定程度上会影响眼动交互的精度。

● 眼跳。在正常的视觉观察过程中，眼动表现为在一系列被观察目标上的注视，及在这些注视点之间的飞速跳跃。在注视点之间的飞速跳跃称为眼跳，不同路径的眼跳可以映射为不同的交互指令。

3. 眼动交互的应用场景

目前眼动交互的应用场景主要集中在以下几方面。

- 游戏交互。用于飞行类游戏的方向控制、射击类游戏的眼动瞄准等。

- 手机交互。通过注视点定位完成手机解锁，相机对焦拍摄；阅读浏览时，根据眼动情况自动翻页；等等。

- 驾驶疲劳监测。识别驾驶员的行为状态，在疲劳早期及时发出预警。

- 智能辅助沟通。智能辅助沟通是眼动交互的重要开发领域。例如，七鑫易维公司开发的眼控平板电脑一体机，是一款将Windows平板电脑与眼控仪相结合的辅助沟通产品。该产品面向因残疾、损伤等导致语言沟通或使用计算机受到影响的用户，帮助这些用户不仅可以使用传统的鼠标、键盘操作计算机，也可以通过眼部运动操作计算机，如图8-20所示。

▲ 图8-20　眼控平板电脑一体机支持用户通过眼部运动操作计算机

8.2.6　脑机交互

脑机交互是一种新型的交互方式，它通过直接测量和解读大脑神经活动信号，将人类的意识和意愿转化为计算机可以理解和执行的指令。也就是说，脑机交互技术可以直接通过大脑向计算机发送指令，实现"用意念控制机器"。

1. 脑机交互的方式与面临的问题

尽管人们对人脑和计算机之间的交互手段的探索可以追溯至从20世纪60年代，但脑机交互技术发展缓慢，直到现在仍处于发展初期。目前的脑机交互技术大致可以分为两类，一类是侵入式脑机交互，如在大脑中植入芯片，直接测量大脑活动，这种方式捕获大脑神经活动信号的实时性和精确度较高，但存在感染风险和创伤问

▲ 图8-21　非侵入式脑机交互使用场景

题；另一类是非侵入式脑机交互，主要通过让用户戴上装载有感应器的穿戴设备来采集大脑神经活动信号，如图8-21所示，这种方式操作方便、易于使用、无创伤问题，但信号捕获的实时性和精确度可能不如侵入式脑机交互。

此外，现阶段脑机交互技术的发展主要面临以下问题。

- 信号解读准确性问题。解读大脑神经活动信号并将其转化为计算机可理解的指令是一个复杂的过程，并且不同人的大脑活动模式存在个体差异，因此需要更多的研究来提高系统对不同个体大脑信号的解读能力和信号解读的准确性。

- 数据传输速度问题。目前的脑机交互系统对脑神经活动信号的捕捉和解读速度还有所限制，导致交互的实时性受到限制。提高脑机交互数据传输速度是一个挑战，但也是推动该技术发展的重要方向之一。

- 设备侵入性问题。通过侵入式脑机交互方式捕捉大脑神经活动信号，会涉及手术过程，给人体带来风险隐患。因此，研究人员将更多地探索非侵入式脑机交互技术，以提高技术的可接受性和可用性。

2. 脑机交互的应用场景

脑机交互技术应用场景主要集中于康复医疗、智能家居、游戏娱乐及教育等领域。

- 康复医疗。残障人士可以通过脑机交互技术进行康复训练。例如，对于截肢的患者，可以通过脑机交互来操控假肢，让患者可以自己喝水、吃饭、打字。

- 智能家居。用户可以通过脑机交互技术控制家电设备。例如，控制家电设备的开关、音量，通过家电设备调节室内温度、光亮，等等。

- 游戏娱乐。用户通过脑机交互技术可以控制游戏角色。例如，通过"移动""跳跃"的思维活动控制游戏角色的移动、跳跃等操作。

● 教育。在专业技能训练方面，脑机交互技术可以读取学习者的大脑神经活动信号，进行专业技能评估和培养；在智能化教学方面，脑机交互技术可以读取学习者的大脑神经活动信号，实时评估和调整学习者的学习状态。

总之，脑机交互是现代科技发展的新兴领域，既有挑战，也是机遇。随着科学研究的不断推进和技术的不断进步，未来，脑机交互技术将会取得更多重要的进展，更加智能化、高效化，并在医学、教育、娱乐、通信等领域带来更多的创新和应用，为人们的生活、工作带来更多有益的改变。

8.2.7　多模态交互

模态（Modality）即生物凭借感知器官与经验来接收信息的通道，如人类有视觉、听觉、触觉、味觉和嗅觉模态。多模态交互是指在一个交互系统中组合多个模态，使用户可以选择以不同方式（文字、语音、视频、触觉和手势等）与计算机进行通信，充分模拟人与人之间自然交流的交互方式。

相比于单一的交互方式，多模态交互的信息输入方式有以下几种基本类型。

● 互补型。信息输入方式互为补充，也就是说，用户需使用两种或多种输入方式实现特定交互任务。例如，播放某部影片时，通过眼动"选择"，通过语音"确认选择"。

● 等效型。完成特定交互任务时，两种或多种输入方式是等效的，即可以相互替代，且输出结果相同。用户由于习惯或临时因素（如手头正忙），不便使用某种输入方式（如触控）时，可以选择其他输入方式（如语音）替代。

● 专业型。完成某一特定交互任务时只能采用指定的输入方式，其他输入方式不可替代。例如，用户只能通过动作捕捉驱动虚拟人物，而不能使用触控或语音指令替代。

● 并发型。当两种或多种输入方式在同一时间发出不同的指令时，它们是并发的。例如，用户在驾车行驶途中，通过语音控制智能车载系统导航，通过手势控制影音播放的音量大小。

🔍 课堂讨论

日常生活中，你在哪些场合使用过哪些人机交互方式？不同的人机交互方式有何优缺点？相对而言，目前哪种人机交互方式技术最为成熟，应用最为广泛？

8.3 人机界面设计

在人机交互系统的开发过程中，人机界面设计是非常重要的环节，它的好坏直接影响用户使用设备的体验和效率。下面从人机界面与人机界面设计的基本概念，人机界面设计的原则、流程等方面来介绍人机界面设计的相关内容。

8.3.1 人机界面与人机界面设计的基本概念

在学习与探讨人机界面设计时，需要先明白什么是人机界面和人机界面设计。

1. 人机界面

人机界面也称为用户界面（User Interface，UI），简称"界面"。从字面上看，人机界面的意思是人与计算机（包括计算机化的系统、机器、设备）之间的接触面，但实际上它包含了用户与界面之间的交互关系，是指用户与计算机之间通信的媒介。凡是存在人机信息交换的领域都存在人机界面。

人机界面为用户使用计算机提供了综合环境，其物化体现是支持人机双向信息交换的软件部分和硬件部分，所以人机界面可分为硬件界面和软件界面。其中，硬件界面主要指用户使用产品时直接接触到的输入输出设备，如鼠标、键盘、手柄、触控屏、显示器、打印机等；软件界面主要指用户和计算机直接进行信息交流的软件接触面，如Windows窗口界面、手机界面、网页界面等，如图8-22所示。本章所介绍的人机界面侧重于指软件界面。

2. 人机界面设计

人机界面设计即UI设计，它是指通过一定手段进行的对用户界面有目标和计划的创作活动，其目的是使用户能够方便高效地操作计算机系统以达成信息双向交互。

一个美观的界面会给用户带来舒适的视觉享受，拉近用户与产品的距离，为产品创造卖点。人机界面设计不是单纯的美术绘画，它需要通过协调界面上各个组成部分和它们之间的操作逻辑，优化和简化用户与计算机系统交流的过程和步骤，在满足用户需求前提下，提高用户使用计算机系统的效率。它是系统性的、科学性的艺术设计。按照界面所在的终端来分类，人机界面设计可分为移动界面设计、网页界面设计和窗口界面设计等。简单形象地讲，人机界面设计就是软件产品的"框架"和"外形"设计，是设计软件界面的色彩、文字、图标、按钮、菜单等元素，使用户能够更加方便、快捷、舒适地使用产品。

▲ **图8-22　软件界面**

8.3.2　人机界面设计的原则

人机界面设计需要符合用户的心理需求和操作习惯，以达到较优的设计效果，提升用户的使用体验和效率。人机界面设计遵循的基本原则包含以下几点。

● 易学性。界面设计应该尽可能简单易懂，容易上手操作。同时，还要提供一定的新手指引和帮助信息。

● 易记性。界面设计不要过于复杂，应尽可能地减少不必要的元素，使界面更加简洁明了，方便用户记忆各个组成部分，并快速找到所需功能。

● 易用性。界面设计应尽可能地易于使用，各元素的功能要便于理解，操作要符合用户的使用习惯，让用户能够预测到下一步的操作，使用户更轻松地完成操作。

百度搜索引擎界面和QQ登录界面就体现了易学性、易记性、易用性的原则，如图8-23所示。

● 一致性。软件界面可能存在许多组成元素，所以界面设计要使组成元素协调统一，符合整体设计风格，包括色彩、字体、形状的一致性，交互行为操作方法的一致性，系统响应的一致性，等等。例如，在Photoshop操作界面中，菜单栏中各选项的字体、色彩相一致，工具箱中各工具选项的形状大小相一致，并且都是通过单击选择选项，等等。

▲ 图8-23　人机界面设计应遵循易学性、易记性、易用性的原则

- 容错性。界面设计应考虑用户输入信息错误的情况，不予执行并提供明确的错误提示或警告，以及校验功能。

- 反馈性。软件是用户的工具，因此应该由用户来操作和控制，软件回应用户的操作，提示用户结果和反馈信息，引导用户进行需要的下一步操作。

- 可访问性。界面设计需要考虑可访问性，尽量让所有用户都能够访问和使用，包括残障人士。例如，使用易于理解的语言和提供辅助功能。

- 可定制性。界面设计应具有可定制性，尽可能提供多样化和个性化的定制方式，让用户能够根据自己的需求进行个性化设置，让用户能够更加舒适地使用产品。例如，WPS办公软件可通过自定义功能区功能（见图8-24）来自定义工作界面。

▲ 图8-24　WPS办公软件自定义功能区功能

8.3.3　人机界面设计的流程

人机界面设计是一项系统性的设计活动，具有一定的流程，以提高设计工作的效率和实用性。人机界面设计流程一般可分为6个阶段：用户需求分析阶段、信息架构设计阶段、视觉设计阶段、交互设计阶段、测试与评估阶段、改进阶段。

1. 用户需求分析阶段

产品设计不是为满足设计师的需求或符合设计师的习惯而设计，而是为目标或潜在用户设计。因此，人机界面设计首先需要分析用户需求，以此作为后续设计阶段的依据。用户需求分析可以从使用者、使用环境和使用方式3方面进行考虑，即明确什么人用（用户的年龄、性别、爱好、收入、教育程度等），在什么地方用（办公室、家庭、厂房车间、公共场所等），如何用（鼠标、键盘、遥控器、触摸屏等），以上任何一个因素发生改变，人机界面设计结果也应做出相应调整。总之，了解用户需求是人机界面设计的基础。

同时，分析市场上类似的产品和产品用户群体，对人机界面设计也有借鉴意义。

2. 信息架构设计阶段

完成用户需求分析后，便进入信息架构设计阶段，即根据用户需求，设计人机界面的信息结构、组织方式和内容布局。形象地讲，信息架构设计就是搭建人机界面设计的框架，考虑将导航栏、菜单栏、工具栏、功能面板等组成部分分别置于界面的哪些位置，占用界面空间的大小是多少，等等。

3. 视觉设计阶段

完成信息架构设计后，接下来可进行视觉设计，也就是在信息架构基础上填充视觉元素，包括设计人机界面的色彩、字体、图标、图像和其他视觉元素，以提高界面美观度和提升用户体验。

4. 交互设计阶段

完成信息架构设计和视觉设计后，可开始设计人机界面的交互方式，包括如何让用户与系统互动，如何反馈用户输入与操作结果，等等。

信息架构设计、视觉设计和交互设计可以统归于方案设计阶段，在设计人机界面时可预备多个设计方案，以便经过测试与评估阶段后选择最终的方案。

5. 测试与评估阶段

完成设计后，需要测试和评估产品，以检查人机界面的性能、可用性和可靠性，确保能够满足用户需求和适配使用场景。

6. 改进阶段

人机界面设计的好坏不是取决于设计师或项目负责人的评价，而是取决于用户的感受和评价，更适合用户的就是好的。同时，人机界面设计是一个不断发展和改进的过程，需要不断听取用户的反馈和意见，并进行改进和优化，最终设计出令用户满意的高实用性产品。

课堂实训

探索与分析智能家居产品的人机交互应用

1. 实训背景

人机交互技术被广泛应用于智能家居领域，多样性和智能化的交互方式使智能家居为人们带来更加便捷、舒适和智能化的生活体验。本次实训将探索与分析智能家居产品的人机交互应用。

2. 实训目标

（1）探索人机交互在智能家居产品中的应用与实践。

（2）通过探索智能家居产品中的人机交互应用与实践，养成分析与研究优秀交互设计产品的习惯，提高审美眼光和艺术表现力。

3. 任务实施

（1）探索智能家居产品类型

在众多智能家居产品中，哪些产品类型是目前技术比较成熟，消费者应用较多的？通过互联网搜索了解后，列出5类目前市场上技术较成熟、应用较多的智能家居产品。

① _____

② _____

③ _____

④ _____

⑤ _____

（2）分析智能音响产品的人机交互应用

从不同智能家居产品类型中，选取自己感兴趣的类别（如智能音响），再在该类别中选择一款具有代表性或知名度较高的产品（如阿里的天猫精灵、百度的小度音响、小米的小爱音响等），从产品功能、交互方式、人机界面设计3方面对产品做出整体评价。

① 产品功能（产品的主要功能有哪些）。

_____

_____

_____

② 交互方式（可通过哪些方式向产品发送指令，系统响应速度如何）。

_____

_____

_____

③ 人机界面设计（从易学性、易用性、容错性、反馈性、美观度等方面评价产品界面设计）。

_____

_____

_____

_____

本章小结

人机交互是研究人与计算机包括计算机化的系统之间进行信息交换的技术，它通过设计友好易用的用户界面和交互方式来提高用户使用计算机的效率和提升用户体验。

随着科学技术的进步，人机交互技术不断发展演变。从人工操纵交互阶段、命令行界面交互阶段到图形用户界面交互阶段，再到自然和谐的人机交互阶段，人机交互的发展空前繁荣，使人们不仅可以使用传统的方式与计算机产生交互，还可以通过声音、姿势、表情、视线等方式输入信息，与计算机完成交互。这些方式提高了人机交互的效率和自然性。

人机交互不仅在计算机和移动设备中发挥着巨大作用，也在游戏、影视特效、体育训练、智能健身、智能家居、康复医疗、教育等领域有着广泛应用。可以说，人机交互在现代科技和计算机应用中起着至关重要的作用，只要有人利用计算机进行信息处理，就离不开人机交互技术的研究和应用。人机交互技术的发展会带来更加智能、直观和个性化的交互方式，并在各个领域为人们提供更好的使用体验和服务。

⚙ 课后习题

1. 单项选择题

（1）使用多种方式与计算机通信的人机交互方式是指（　　）。

　　A. 多功能交互　　　　　　　　　　B. 多模态交互

　　C. 多界面交互　　　　　　　　　　D. 多用户交互

（2）计算机使用者通过键盘输入字符命令行和计算机通信，属于（　　）。

　　A. 人工操纵交互阶段　　　　　　　B. 命令行界面交互阶段

　　C. 图形用户界面交互阶段　　　　　D. 自然和谐的人机交互阶段

（3）识别人手的运动过程被称为（　　）。

　　A. 静态手势识别　　　　　　　　　B. 动态手势识别

　　C. 静态动作捕捉　　　　　　　　　D. 静态动作捕捉

（4）（　　）需要通过识别反光标识点确定人体的运动轨迹。

　　A. 机械式动作捕捉　　　　　　　　B. 声学式动作捕捉

　　C. 电磁式动作捕捉　　　　　　　　D. 光学式动作捕捉

2. 多项选择题

（1）下列选项对人机交互描述正确的有（　　）。

　　A. 人机交互是以有效的方式实现人与计算机对话的技术

　　B. 人机交互是研究人、计算机以及它们相互影响的技术

　　C. 人机交互是用户与计算机之间的通信

　　D. 人机交互是研究计算机输入与输出关系的技术

（2）人机交互的发展趋势的具体体现有（　　）。

　　A. 集成化　　　　B. 标准化　　　　　C. 网络化　　　　　D. 智能化

（3）脑机交互的方式有（　　）。

　　A. 侵入式脑机交互　　　　　　　　B. 非侵入式脑机交互

　　C. 主动式脑机交互　　　　　　　　D. 被动式脑机交互

3. 思考练习题

（1）人机交互的研究内容有哪些？

（2）简述人机交互的发展历史。

（3）你认为在触控交互、语音交互和动作交互中，哪种交互方式更符合人们日常生活的交流习惯？为什么？

（4）通过互联网搜索了解目前眼动交互和脑机交互的发展和应用情况。

（5）假如设计一个智能家居控制系统，让用户可以通过触摸屏、语音和手机应用控制家电设备，根据人机界面设计的原则与流程，需考虑哪些问题？

（6）如果要设计一个健身应用程序，人机界面应如何设计？设想一下需要具有哪些交互功能。

09

第9章　虚拟现实技术

虚拟现实技术可利用计算机技术模拟构建三维空间，并使用户自然地与该空间进行交互。虚拟现实技术是人类在探索自然的过程中，逐步形成的一种用于认识自然、模拟自然，进而更好地适应和利用自然的科学方法和科学技术。随着虚拟现实技术的逐步成熟，各行各业对虚拟现实技术的需求日益增加，这项技术也开始融入人们的日常生活中，一定程度上改变了人们与数字世界的互动方式。

—— **学习目标**

1	了解虚拟现实的特征、发展历史与发展趋势。
2	熟悉虚拟现实相关的三维建模设备、立体显示设备、交互设备。
3	掌握虚拟现实关键技术的原理和实现方式。
4	熟悉虚拟现实技术的应用领域。

—— **素养目标**

| 1 | 避免过度沉浸虚拟现实而忽略现实世界，影响身心健康。 |
| 2 | 在开发虚拟现实应用与设备时，要设置适宜、健康的内容，对青少年进行积极正向的引导。 |

—— **思维导图**

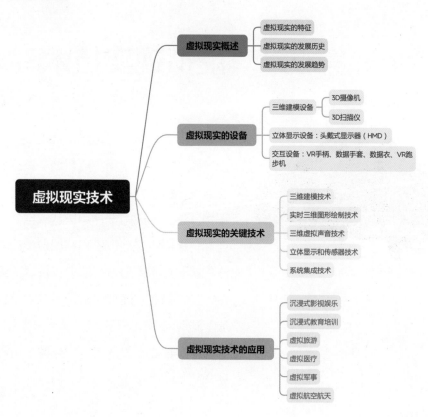

9.1 虚拟现实概述

虚拟现实是发展到一定水平的计算机技术与思维科学相结合的产物，它的出现为人类认识世界开辟了一条新途径，其重要意义不言而喻。下面从虚拟现实的特征、虚拟现实的发展历史与发展趋势来介绍虚拟现实。

9.1.1 虚拟现实的特征

虚拟现实借助计算机技术及硬件设备，建立了具备高度真实感的虚拟环境，这种虚拟环境是通过计算机图形构成的三维数字模型，使人们可以通过视觉、听觉、触觉等感觉感知，给人一种"身临其境"的感觉，为人们提供了一种完全沉浸式的人机交互方式。它具有以下几种显著特征。

- 沉浸性。所谓沉浸性，就是让用户全神贯注地融入虚拟现实技术创造的虚拟环境中，使其在心理上感受到自己是这个虚拟环境中的一部分，感觉如同进入真实世界。用户心理上的沉浸程度和满足程度取决于虚拟现实技术的发展程度。

- 交互性。交互性是指用户对虚拟环境内物体的可操作程度和从环境得到反馈的自然程度。用户进入虚拟空间，相应的技术让用户跟环境产生交互，用户可以直接观察、检测周围环境及事物的内在变化，并且当用户进行某种操作时，周围的环境也会做出某种反应。当用户接触到虚拟空间中的物体，对物体做出推动动作，物体的位置和状态也会发生改变，同时用户能感受到接触、推动物体的过程。正是这样，处于虚拟现实世界的用户才会产生"身临其境"的感觉。

- 想象性。想象性也称构想性，一方面，虚拟环境是开发者想象出来的，这种想象也体现了开发者的思想；另一方面，用户在虚拟环境中与周围物体进行互动，可以拓宽认知范围，创造客观世界不存在的场景，也就是说，用户进入虚拟空间，可以根据自己的感觉与认知能力吸收知识，发散、拓宽思维，创立新的概念和环境。

- 多感知性。多感知性是指虚拟现实技术能够提供很多感知方式，如视觉、听觉、触觉、味觉、嗅觉等。理论上，要使用户在虚拟世界的感受与在真实世界完全相同，虚拟现实技术应该提供人所具有的一切感知功能。但由于相关技术限制，特别是传感技术的限制，目前虚拟现实技术所提供的感知功能主要是视觉、听觉、触觉和运动感知。

9.1.2 虚拟现实的发展历史

近年来，人们对虚拟现实的讨论热情从未降低。虚拟现实技术取得今天的成果并不是一朝一夕实现的，而是通过一代代人对相关理论与技术的不懈探索实现的。虚拟现实技术的发展历程大致可以分为4个阶段：蕴涵虚拟现实技术思想的阶段（20世纪60年代之前）、虚拟现实技术的萌芽阶段（20世纪60年代—20世纪70年代初期）、虚拟现实技术概念的产生和理论初步形成阶段（20世纪70年代中期—20世纪80年代）、虚拟现实技术理论的完善和应用阶段（20世纪90年代至今）。

1. 蕴含虚拟现实技术思想的阶段

究其根本，虚拟现实技术是对生物在自然环境中的感知和动作等行为的一种模拟交互技术，它与仿真技术息息相关。中国春秋战国时期发明的风筝，就是模拟飞行动物和人之间互动的场景，风筝的拟真、拟声、互动的行为是仿真技术在中国的早期应用，它也被普遍认为是世界上最早的飞行器。中国发明的风筝为西方人发明飞机提供了基本原理和灵感来源。1927年，埃德温·林克（Edwin Link）设计出了世界上第一台商业化机械式的飞行模拟器——"林克训练器"，如图9-1所示，让操作者能有乘坐真正飞机的感觉，主要用于飞机驾驶员的飞行训练。1956年，莫顿·海里格（Morton Heilig）利用他多年的电影拍摄经验开发出多通道仿真体验机器"Sensorama"，如图9-2所示，这台机器结合多种技术，可以使用户沉浸在人造的视觉效果、声音、气味和振动中。

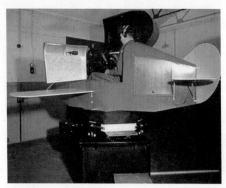

▲ 图9-1 "林克训练器"

▲ 图9-2 "Sensorama"

以上所列举的比较典型的发明，在一定程度上推动了仿真技术的发展，也是虚拟现实技术的前身，都蕴涵了虚拟现实技术的思想。

2. 虚拟现实技术的萌芽阶段

1965年，"计算机图形学之父"伊万·萨瑟兰（Ivan Sutherland）发表论文《终极的显示》（*The Ultimate Display*），提出利用头戴式设备构建一个逼真的三维虚拟世界，用户可以直接操作和感知虚拟物体，这篇论文被认为是研究虚拟现实技术的开端。之后，伊万·萨瑟兰在1968年主持设计和开发了计算机图形驱动的头戴式显示系统，如图9-3

所示，当用户的头部运动时，显示器的显示
画面随之改变，以匹配用户视角的变化。该
系统在用户界面和视觉真实感方面都很原始，
构成虚拟环境的图形是简单的线框模型，同
时显示器很重，以至于不得不悬挂在天花板上。
尽管如此，伊万·萨瑟兰开发的头戴式显示系
统在当时仍是超前的技术应用，也是虚拟现实
技术发展史上一座重要的里程碑，为虚拟现
实技术的基本思想产生和理论发展奠定了基础。

▲ 图9-3　伊万·萨瑟兰设计和开发的头戴式显示系统

3. 虚拟现实技术概念的产生和理论初步形成阶段

20世纪70年代中期，迈伦·克鲁格（Myron Krueger）提出了"人工现实"（Artificial Reality）的概念。用户面对投影屏幕，摄像机拍摄的用户身影轮廓图像与计算机产生的图形合成后，在屏幕上投射出一个虚拟世界。同时，传感器可以采集用户的动作，来表现用户在虚拟世界中的各种行为。这种早期的人机互动方式，对日后虚拟现实技术的发展产生了深远的影响。

20世纪80年代中期，美国国家航空航天局（National Aeronautics and Space Administration, NASA）埃姆斯研究中心的研究人员开发了用于探测火星的虚拟环境视觉显示器"VIVED"，如图9-4所示，它将火星探测器发回的数据输入计算机，为地面研究人员构造了火星表面的三维虚拟环境。同时，相关研究人员发表了论文，系统阐述了VIVED的体系架构和相关技术，VIVED能够根据用户的位置、动作和声音控制来构建三维显示界面。从技术上看，VIVED已经非常接近于现代的头戴虚拟现实产品。

▲ 图9-4　虚拟环境视觉显示器"VIVED"

在与美国国家航空航天局合作的过程中，雅龙·拉尼尔（Jaron Lanier）等人创办了VPL公司，开创了虚拟现实技术从军用转向民用的新时代。VPL公司旨在开发虚拟现实硬件和软件及相关的编程语言。在20世纪80年代末，VPL公司推出了市场上第一款民用虚拟现实产品"EyePhone"，同时VPL公司的创始人雅龙·拉尼尔普及了"虚拟现实"（Virtual Reality, VR）的概念，意指"计算机产生的三维交互环境，在使用中用户是'投入'到这个环境中去的"。

4. 虚拟现实技术理论的完善和应用阶段

20世纪90年代开始，虚拟现实技术从研究型阶段转向应用型阶段，逐渐为各界所关注，并在商业领域得到了进一步的发展。其中，具有代表性的VR产品是1995年任天堂公司推出的首个可显示三维图形的便携头戴式游戏机"Virtual Boy"，如图9-5所示。任天堂试图用突破性的创意来改变游戏的发展方向，但是由于当时技术的局限使用户体验不佳，包括画面质量欠佳，需要佩戴笨重的头戴式设备，并且会产生眩晕感，交互延迟，以及价格较高、理念过于超前等，导致Virtual Boy推出后，仅仅过了半年时间就草草退出市场。

▲ 图9-5 "Virtual Boy" 游戏机

价格较高、用户体验不佳是20世纪90年代大部分虚拟现实产品的问题，这也使得虚拟现实热潮"初露头角"又很快沉寂了下来。

直到2012年，"虚拟电影工作室"Oculus登录众筹网站Kickstarter发布Oculus Rift项目（Oculus Rift是一款为电子游戏设计的头戴式显示器，如图9-6所示），虽没

▲ 图9-6 Oculus Rift早期模型

能成功集资，但获得了1600万美元的风险投资，完成了首轮资本累积。两年后，Oculus被Facebook花费20亿美元收购。这次高调收购事件使"蛰伏"十几年的虚拟现实技术再次成为业界焦点。Oculus的成功，使虚拟现实技术重新回归大众视野，这实际上得益于2010年以后众多技术的突破，如计算机性能的提升、智能手机的诞生推动了传感器技术的发展等，技术的突破逐步改善或解决了先前虚拟现实技术的部分问题。之后，越来越多的公司加入研发虚拟现实技术的阵列，更多的VR产品涌现出来，虚拟现实技术实现突破性的发展，技术理论日趋成熟，并在各个行业大放异彩。

9.1.3 虚拟现实的发展趋势

虚拟现实技术让用户通过人机交互方式获得超现实的沉浸式体验感，用户可以在虚拟世界中开拓思维、训练能力，也可以体验周游世界的乐趣和探索太空的奇妙。虚拟现实技术带给人们无限可能，具有广阔的发展前景。它的发展趋势主要体现在以下几方面。

• 产品成本下降、应用更普及。长期以来，高昂的研发成本、功能的不稳定和缺乏大规模的内容支持都限制了虚拟现实技术的发展。然而，随着科学技术的发展进步，虚

拟现实技术不断升级和改善，促使虚拟现实产品成本下降，售价随之降低，虚拟现实产品将被更多的用户使用，从而推动虚拟现实技术的应用进一步普及。

- 应用领域更广泛。随着虚拟现实硬件和软件技术的不断提升和普及，虚拟现实技术将会呈现在更加广泛的应用领域，如社交娱乐、远程交互、智能家居等领域，成为推动科技和人类发展的一股新力量，带来更多的商业机会和社会价值。

- 互动体验更真实。目前的虚拟现实技术主要依靠现有的计算机技术，制作的虚拟现实环境空间小、内容少。在未来，虚拟现实技术可使用人工智能技术，实现虚拟现实环境的自主学习，更加智能化，给用户带来更真实的沉浸式体验。

- 多平台化方向发展。随着移动设备的普及，虚拟现实技术也将逐渐向移动端发展。不仅如此，未来的虚拟现实技术将会向多平台方向发展，提供更方便的服务。例如，支持不同操作系统的应用和服务；支持不同的设备，如可穿戴或智能家居设备；等等。

9.2 虚拟现实的设备

虚拟现实的设备是指与虚拟现实领域相关的硬件设备，主要涉及以下3类：三维建模设备、立体显示设备、交互设备。

9.2.1 三维建模设备

建模操作需要使用支持建模操作的软件，以建立和编辑模型。三维建模设备可以辅助软件进行建模操作，以提高建模效率和改善效果。常用的三维建模设备有3D摄像机和3D扫描仪等。

1. 3D摄像机

3D摄像机又称为立体摄像机，它是利用人眼的双眼视差效应拍摄景物的设备，可以通过获取物体的形状、大小、深度、色彩等信息，生成类似人眼所见的、具有真实感的三维图像。3D摄像机一般由两个或多个镜头组成，两个镜头间的距离和人的双眼间距相近。当物体在该摄像机区域内时，摄像机通过不同镜头的间距和夹角记录影像的变化，从而形成三维立体效果。通过3D摄像机拍摄的影像在具有立体显示功能的设备上播放时，就可以产生具有立体感的影像效果。

知识拓展

双眼视差效应

在虚拟现实领域，通过3D摄像机实景拍摄而来的三维图像可用于快速建立虚拟三维空间。图9-7所示为手持式和肩扛式3D摄像机的外观图。

▲ 图9-7 手持式（左图）和肩扛式（右图）3D摄像机的外观图

2. 3D扫描仪

3D扫描仪是将真实世界环境快速建立成三维模型的工具，它通过3D扫描的方式将真实环境、人物和物体的立体信息（空间坐标）转化成计算机可以直接处理的数字模型。3D扫描仪有多种类型，总体上可大致分为接触式3D扫描仪和非接触式3D扫描仪两类。

（1）接触式3D扫描仪

接触式3D扫描仪通过探针接触物体表面，进而获得物体触碰点的位置坐标，然后进行建模，如三坐标测量机（Coordinate Measuring Machine，CMM）即典型的接触式3D扫描仪，如图9-8所示。由于接触式3D扫描仪需要一点一点接触物体所有表面，所以模型精度极高，但是它体积较大、成本较高、扫描耗时长，而且在扫描过程中必须接触物体，因而物体可能遭到损坏。

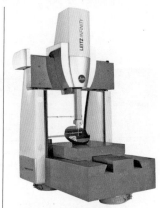

▲ 图9-8 三坐标测量机

（2）非接触式3D扫描仪

目前，非接触式3D扫描仪在市面上更为普遍，主要通过光学原理获取物体信息。通常，非接触式3D扫描仪的扫描精度没有接触式3D扫描仪的高，它也无法处理表面发光或透明的物体，但其成本较低，不具有较强的破坏性。根据是否有主动光源投射，非接触式3D扫描仪的扫描方式可分为主动扫描和被动扫描两种方式。

- 主动扫描。主动扫描方式即向物体表面投射激光，通过测量激光束从物体反弹并返回所需的时间，来测算物体与仪器之间的距离，从而构建物体的空间坐标信息。新兴的主动扫描方式采用结构光，通过投影或光栅同时投射多束光线，以提高扫描效率和精度。通常，主动扫描方式的扫描精度比被动扫描方式高，但扫描速度较慢。

- 被动扫描。被动扫描方式即利用光线感应器来捕捉物体表面反射的自然光，从而构建物体的空间坐标信息，然后进行建模。

图9-9所示为手持式非接触式3D扫描仪。

▲ 图9-9　手持式非接触式3D扫描仪

9.2.2　立体显示设备

立体显示设备是指用于显示三维视觉效果的输出设备。对虚拟世界的沉浸感主要依赖于人类的视觉感知产生，因而三维视觉是虚拟现实技术的第一感觉通道。因此，用户需要通过一些专门的立体显示设备来提高三维视觉的逼真程度。现阶段主要的立体显示设备是头戴式显示器。头戴式显示器（Head Mounted Display，HMD）简称"头显"或"VR头显"，可将用户对外界的视觉、听觉封闭，并引导用户产生一种身在虚拟环境中的感觉，因其外观像眼镜，人们又习惯性称其为"VR眼镜"。头显通常佩戴在头部，配有位置跟踪器，可以实时检测头部的位置，能在屏幕上显示出反映当前位置的场景图像。头显由左右两个屏幕分别向用户的左右眼提供图像，利用双眼视差效应，可让用户看到三维立体图像。

一般，头戴式显示器可分为移动端头显、外接式头显、一体式头显。

1. 移动端头显

人们一般将移动端头显称为"VR眼镜盒"或"VR眼镜盒子"，如图9-10所示。它以手机为运算、显示和存储设备，用户在使用该类设备时，需要把手机嵌入设备中，如图9-11所示，即将手机放入设备的"盒子"组件中，然后通过设备的镜头观看手机的播放内容，以获得三维图像效果。VR眼镜盒结构简单、使用方便、开发成本低，市场售价一般为几十元到几百元，属于虚拟现实商业应用早期，厂商为快速打开市场推出的过渡性VR产品。因为市场售价低，所以它也是早期用户使用率很高的VR产品，典型的产品有三星Gear VR、苹果View-Master、谷歌Homido、暴风魔镜、千幻墨镜等。但相对另外两种头显类型，它的功能不够丰富，用户体

▲ 图9-10　VR眼镜盒

▲ 图9-11　把手机嵌入VR眼镜盒

Digital Media Technology Introduction

验效果不佳。随着虚拟现实技术的发展，新的产品面市，它作为用户入门体验产品，生存空间越来越小。目前，市面上此类产品较少。

2. 外接式头显

外接式头显的外观如图9-12所示。它自带显示屏幕，但需要使用线缆或无线方式（如Wi-Fi、蓝牙）连接计算机或手机使用，将计算机或手机作为计算单元，由计算机或手机进行数据运算与传输，驱动生成三维立体图像。外接式头显结构较复杂、功能较强大，搭配丰富的遥控套件，可以为用户提供更具真实感、沉浸感的虚拟环境。早期的外接式头显需要连接计算机使用，计算机的配置越高，体验越好，但用户打造成套的VR系统成本较高。随着技术的发展，一些外接式头显能够兼容计算机和手机，成本降低，便携性和移动性提高，但由于计算机的高性能，通常计算机和外接式头显搭配比手机和外接式头显搭配带来的体验更好。目前，开发并推出外接式头显产品的厂商有华为、Oculus、3Glasses、酷睿视（GOOVIS）、小派科技等。

▲ 图9-12 外接式头显的外观

3. 一体式头显

一体式头显即VR一体机，其外观与外接式头显并无明显差别。图9-13所示为Pico旗下的一款VR一体机，它是内置处理器和存储器，集显示、交互、计算等功能于一体的头显，使用时无须外接计算机或手机。就现阶段的技术水平而言，要想使VR一体机达到高端的外接式头显的体

▲ 图9-13 VR一体机

验效果较困难，同时为了获得更好的体验效果，也势必要花费更高的研发成本，这样容易失去价格优势。所以，目前市面上大多数VR一体机都是低配置的头显，是以损失体验效果来降低销售价格的折中考虑。但是，VR一体机具有便携性、移动性的特点，同时价格适中，一般高于VR眼镜盒、低于外接式头显。VR一体机是目前国内市场很流行的VR产品，生产厂商有华为、Oculus、Pico、爱奇艺、小米、大朋、蚁视、Nolo等，它的未来发展前景也很广阔，有不少公司正在研发"高性能、低成本"的VR一体机。

9.2.3 交互设备

虚拟现实交互设备主要是指用于输入信号，与虚拟环境产生交互的输入设备。常见的

交互设备有VR手柄、数据手套、数据衣、VR跑步机。

1. VR手柄

VR手柄是目前虚拟现实普遍使用的交互设备，如图9-14所示，主要用于玩VR游戏（如射击类游戏、竞速类游戏和体育竞技类游戏），其特点是价格较低，容易安装和使用，反应速度快。VR手柄分为有线和无线两种类型，支持与手机、计算机或VR一体机进行有线连接或无线连接（主要是蓝牙连接）。

通常，VR手柄上有若干按键，分别用于控制设备连接、方向遥感、翻页等，可基本满足用户各种操作需求，同时VR手柄前端配置有定位环，可以识别用户的手势和动作顺序，使用户可以"真实地"参与游戏，并且更加自然地和游戏世界互动。

▲ 图9-14　VR手柄

2. 数据手套

随着虚拟现实技术的发展，人们希望通过硬件设备的支持实现与虚拟物体真实的互动，数据手套（见图9-15）便应运而生，并迅速成为虚拟现实应用的主要交互设备之一。有别于VR手柄，数据手套通过与VR系统连接，运用手套上的弯曲、扭曲传感器实时记录并模拟手部动作，让用户通过头显观察虚拟环境的同时，通过手部动作实现与虚拟物体的真实互动。它就像一双虚拟的手一样，可在虚拟场景中进行物体的抓取、移动、旋转、装配等动作，如图9-16所示。此外，

▲ 图9-15　数据手套　　▲ 图9-16　数据手套虚拟交互

数据手套与力觉反馈装置搭配，还可以将虚拟物体的信息实时反馈给用户，让用户可以像握住真实物体一样充分感受到虚拟物体的大小和材质。

数据手套的出现，为用户提供了一种非常真实自然的三维交互手段，大大增强了互动性和沉浸感。数据手套常用于动作捕捉、游戏开发、医疗康复、装配训练及学术研究等领域，能够帮助相关人员完成复杂的工作内容。

3. 数据衣

虚拟现实中常用的数据衣是指用于动作捕捉的数据衣，它是为了让 VR 系统识别用户全身运动而设计的输入设备。数据衣根据数据手套的原理研制，这种衣服在对应人体关键关节的部位安装有许多传感器，能够探测和跟踪人体的动作信息，然后利用计算机重建三维图像。图9-17所示为诺亦腾公司自主研发的全身动作捕捉设备，包括惯性传感器、双手动捕手套（数据手套）、全身绑带、动捕压缩服（数据衣）以及高强度安全箱等组成部分。

▲ 图9-17　全身动作捕捉设备

随着计算机软硬件技术的飞速发展和动画制作要求的提高，在越来越多的高新技术领域，动作捕捉已经进入了实用化阶段。数据衣在识别体态姿势方面发挥了重要作用，但是目前用于动作捕捉的数据衣往往只能检测姿势，不能给用户提供触感反馈，这使用户的体验感较差。因此，除了用于动作捕捉的数据衣，一些商家正在开发感知反馈类的数据衣。这是一种输出设备，作用是输出触觉及其他感知信息，如刮风、下雨、温度变化、受到虚拟人物的攻击、物体抛掷或降落等的感知反馈。

4. VR 跑步机

VR 跑步机又称 VR 万向跑步机，是一种新兴的自由移动设备，如图9-18所示，它的专业称谓是万向行动平台（Omni-Directional Treadmill, ODT），可实现360°的自由运动。在使用时，用户站在 VR 跑步机的平台上，通常除了戴上头显外，还要穿上专用的鞋子并绑上安全带（或用设备组件限制用户活动区域），如图9-19所示。

▲ 图9-18　VR 跑步机

▲ 图9-19　VR 跑步机使用场景

因为虚拟现实的使用场景主要在室内，而室内的空间一般较狭小，使用户的活动空间受到限制，VR 跑步机可以让用户在狭小的室内空间进行走、跑、跳、转身、下蹲等运动，也可以减少或避免用户在与虚拟世界互动时产生眩晕感。例如，以往使用VR手柄控制虚拟人物的跑、跳等动作时，由于现实中操作者可能没有做出同样的动作，位置也是固定的，而操作者通过头显设备看到虚拟人物在进行跑、跳等动作，这时看到的虚拟人物的动作与个人实际运动不匹配，操作者就容易产生眩晕感。当显示器画面分辨率不高、画面有延迟时，更会加重眩晕感。通过操作VR跑步机，操作者在现实世界里的走、蹲、跳、坐、跑等动作会被映射到虚拟人物身上，可以达成身体动作和视觉影像的同步，这样就可以有效减少或避免产生眩晕感。

VR跑步机能够为用户带来很强的沉浸感和真实感，因此它成了虚拟现实领域备受瞩目的硬件设备之一。但目前而言，VR跑步机占地较大，用户使用时要穿戴较多设备，导致使用的舒适感降低，技术也有待进一步完善，同时，它的价格较高，一般一台VR跑步机的售价在5万元以上，配置越高，体验效果越好，价格也越高。因此，VR跑步机多用于军事、消防演习等专业训练中，个人用户的使用率很低。

课堂讨论

虚拟现实领域的交互设备很多，除了以上介绍的，你还知道或见过哪些虚拟现实交互设备？请说出它们的作用和使用场景。

人才素养　虚拟现实为我们带来了全新的视听体验，在选购虚拟现实设备时，要充分考虑设备的兼容性、显示质量、舒适度和交互方式，以及设备的扩展性和更新支持等因素。同时，在体验虚拟现实、使用虚拟现实设备时，要注意控制使用时间，避免过度沉浸于虚拟现实而忽略了现实世界，影响身心健康。在开发虚拟现实应用与设备时，要考虑到其特有的新鲜感对青少年具有较大的吸引力，设置适宜、健康的内容，对青少年进行积极正向的引导。

9.3 虚拟现实的关键技术

作为一项尖端科技，虚拟现实集成了许多学科的研究成果。其所涉及的关键技术包括三维建模技术、实时三维图形绘制技术、三维虚拟声音技术、立体显示和传感器技术、系统集成技术。

9.3.1 三维建模技术

虚拟现实的核心内容是环境建模，目的是获取实际环境的三维数据，并根据应用需要建立相应的虚拟环境模型。环境建模一般包括视觉、听觉、触觉、力觉、味觉等多种感觉通道的建模，其中基于视觉的三维建模技术理论更成熟、应用更广泛，能给用户带来较为直观和形象的体验，是构建虚拟世界的基础技术之一。三维视觉建模主要有两种方式：软件建模和三维建模设备辅助建模。

1. 软件建模

三维建模需要专业建模工具的支撑，特别是在进行复杂的虚拟现实场景的模拟构建时，需要广泛地使用专业的三维建模软件，如3ds Max、SketchUp、AutoCAD、Maya、Cinema 4D、Modo、CATIA等，图9-20所示为使用Maya创建三维模型的场景。使用三维建模软件建造虚拟环境或物体时，既可以通过三维建模软件的固有功能生成，也可以通过网格变形功能或手动创建。创建模型时，添加设置材质、灯光、色彩效果后，可以将模型渲染输出为高质量的、更具真实感的三维场景模型。图9-21所示为三维模型渲染输出后的效果示意图。

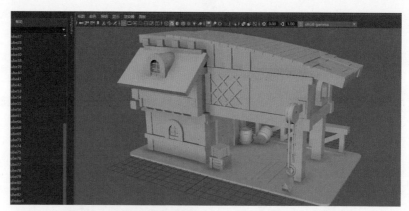

▲ 图9-20　使用Maya创建三维模型的场景

▲ 图9-21　三维模型渲染输出后的效果示意图

2. 三维建模设备辅助建模

三维建模设备辅助建模是指使用3D扫描仪或3D摄像机辅助软件建模。其中，使用3D
扫描仪扫描得到的是三维数字模型，该方法适用于对小范围内的场景或单个物体进行静
态的三维建模。通过3D扫描仪扫描获取场景或物体的三维数字模型后，利用专业三维建
模软件进一步完成对场景或物体的三维构建。使用3D摄像机拍摄获取的是瞬间的图像信
息或动态的影像信息，如图9-22所示，该方法适用于捕捉大范围内的动态影像。通过3D
摄像机拍摄获取场景和物体的数据后，可进行图像处理，如增强图像，然后利用三维建
模软件进一步分析原始数据，完成三维模型构建工作。通过多台普通摄像机从不同角度
拍摄对象，再通过计算机技术进行合成处理，也可获得三维图像，这种方法适用于小范
围场景的三维模型创建，动作捕捉中常采用这种方法。

▲ 图9-22　3D摄像机捕捉的三维动态影像

三维建模设备辅助建模可以提高建模
效率及模型的真实度，图9-23所示为通过
3D扫描仪获得的清晰的手掌模型。但不管
是3D扫描仪还是3D摄像机，它们通常只能
收集物体表面的信息，如果需要构建十分
复杂的三维虚拟场景，仍需依靠三维建模
软件来完成。

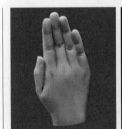

▲ 图9-23　通过3D扫描仪获得的清晰的手掌模型

9.3.2　实时三维图形绘制技术

虚拟现实世界的产生不仅需要具有真实感的三维图形，还需要通过实时绘制技术实
时生成三维图形。实时三维图形绘制技术是指利用计算机快速生成三维场景的图形，技
术关键是充分发挥图形硬件和图形算法的长处，达到"实时"生成三维图形并保证图
形质量的目的。对于简单的三维场景，在一般配置的计算机上也很容易达到实时绘制的

目的。然而，对于物体数量多、颜色和纹理丰富等的复杂三维场景，计算机处理数据的工作量会增大，从而导致三维图形的绘制速度降低。增强计算机的配置可以在一定程度上解决此问题，然而为了能在大多数计算机上进行三维场景的演示，只是提升硬件性能略显不足，所以需要通过改进三维模型数据结构与渲染算法，使计算机系统能够快速运行，每秒生成足够数量的新图像帧，双向加粗软件，从而更好地解决复杂三维场景的实时绘制问题。实时绘制的实现方法很多，总体上可分为基于图形的实时绘制技术和基于图像的实时绘制技术。

1. 基于图形的实时绘制技术

基于图形的实时绘制技术以计算机图形与三维建模技术为基础，强调通过不同的方法提高绘制速度，实现方法主要有场景分块、可见性剔除、多细节层次等。

- 场景分块。在虚拟现实环境中，不管用户的视角如何，在该视角下都只能看到一定范围的场景。如果将整个场景导出，计算机系统会实时渲染整个场景的模型。此时把复杂的场景划分为用户同一时刻几乎或完全不可见的多个子场景，再分别导出，以降低可视场景的复杂度，就可以减少计算机系统在某一时刻需要处理的数据量，提高三维图形的实时绘制速度。

- 可见性剔除。这是指基于用户的视点和视角方向，决定场景中哪些物体的表面是可见的，哪些物体的表面是被遮挡而不可见的，使计算机系统只显示用户当前能看见的场景，以提高三维图形的实时绘制速度。

- 多细节层次。根据物体模型在虚拟环境中所处的位置和重要度，决定物体渲染的资源分配，降低非重要物体的渲染程度，这样可以简化模型中微小、不重要的部分和远端的场景，从而实现高效率的渲染运算，以提高三维图形的实时绘制速度，但采用这种方法要保证场景内容不会严重失真。

2. 基于图像的实时绘制技术

基于图像的实时绘制技术不同于基于图形的实时绘制技术，其基本原理是使用一系列图像样本代替虚拟场景的部分或全部信息，以完成实时绘制。

基于图像的实时绘制技术的一种方式是以摄像机拍摄的实景图像为样本，利用图像处理技术和计算机视觉技术，直接构建三维虚拟场景。采用这种方式，不用像基于图形的实时绘制技术那样经历烦琐的建模和绘制过程，拍摄的实景图像也可以保证场景的真实度，方便添加特殊视觉效果，但是图像集成的丰富信息可能导致模型加载速度变慢，同时该方法缺乏像图形三维建模那样从无到有构建场景的能力。

另一种方式是，先利用基于图像的实时绘制技术构建逼真的场景效果，再利用基于图形的实时绘制技术构建与用户产生交互的物体模型，这种技术集合了两者的优点，可增强实时性和交互性，但技术实现较困难。

9.3.3 三维虚拟声音技术

听觉是虚拟现实中仅次于视觉的第二感觉通道，是增强用户在虚拟世界中的沉浸感和交互性的重要途径。因此，三维虚拟声音是构建虚拟世界的一个重要组成部分。简单来说，三维虚拟声音技术就是在虚拟现实环境中构建三维虚拟声音的技术，它主要根据人耳对声音信号的感知特性，使用信号处理的方法模拟到达两耳的声音信号，以重建复杂的三维空间声场（声场是指媒介中有声波存在的区域）。

1. 三维虚拟声音概念与作用

三维虚拟声音与立体声有所不同，立体声虽然有左右声道之分，但就声音效果而言，立体声来自听者面前的某个平面，而三维虚拟声音则是来自围绕听者双耳的一个球形空间中的任何地方，即声音会出现在听者头部的上方、后方或前方。在射击类虚拟游戏中，当玩家听到了对手射击的枪声时，他能像在现实世界中一样迅速准确地判断对手的位置，如果对手在他身后，听到的枪声就应是从后面发出的。因而把虚拟世界中，能使用户准确地判断出声源的精确位置、符合人们现实环境中听觉系统习惯的声音称为三维虚拟声音。

视觉和听觉一起工作能充分表达信息内容，在虚拟现实中，三维虚拟声音可以衬托视觉效果，让用户即使闭上眼睛，也能"听声辨位"，知道声音来自哪里，从而增强用户在虚拟世界中的沉浸感、真实感。尤其是当虚拟世界的视觉空间超出了人眼的可视范围时，三维虚拟声音的存在能够给用户带来强烈的存在感和真实感。此外，在头显显示的图像质量较差时，三维虚拟声音能够在一定程度上弥补用户体验感的不足。

2. 三维虚拟声音的关键技术

三维虚拟声音技术使声音在平面声场的基础上增加了高度感，更接近人耳的真实体验，使用户感觉自己被"移入"虚拟场景中。在虚拟现实中，构建三维虚拟声音的关键技术包括基于对象的音频技术、声音定位技术。

（1）基于对象的音频技术

基于对象的音频技术是构建三维虚拟声音的理论基础，它允许将声音视为可以定位在三维空间中的单个对象。这种把摸不着看不见的声音"实体化"的处理方法，使音响工程师能够利用各种方法分析声音对象的声学特性、模拟来自不同方向和距离的声音，以响应环境的变化，构建出更准确和逼真的声音。

（2）声音定位技术

声音定位是指动物利用环境中的声音刺激确定声源方向和位置的行为，定位效果取决于到达两耳声音的物理特性变化，包括频率、强度和持续时间上的差别。例如，猫头鹰有很大的、位置不对称的耳壳和很长的耳蜗，能精确测定发出声响的猎物的具体位置。人在相同情境下，辨别声源的能力要弱一些，但人有较大的头部，可弥补某些不足。声音定位技术就是在这种原理上发展出的一种音频处理技术。

声音定位技术是构建三维虚拟声音的核心技术，它使VR系统可以利用头部追踪技术确定用户的头部方向和位置，然后根据头部的方向和位置确定声源在空间中的方向和位置，最终通过耳机等声音输出设备将三维虚拟声音传送到用户的耳朵中。这样，用户就可以听到来自不同方向和位置的声音，并且可以判断声源的距离和空间位置。因为在虚拟现实环境中，当用户转动头部，虽然虚拟声源的位置没有任何变化，但是它相对于用户头部的位置发生了变化，那么用户的听觉感受也是不一样的，三维虚拟声音具备这样实时变化的能力。概括而言，声音定位技术能够准确判断声音的位置，并能在虚拟现实环境中实时跟踪三维虚拟声音的位置变化。

目前大多数声音定位技术的实现都基于头部相关传递函数（HeadRelated Transfer Functions，HRTF）。人的头部、肩颈、躯干会对来自不同方向和位置的声音产生不同的作用，形成反射、遮挡或衍射。尤其是外耳，通过耳廓上不同的褶皱结构，对来自不同方向和位置的声音产生不同的反射或遮挡、形成不同的滤波效果，大脑可通过这些不同的滤波效果判断声源的方向和位置。头部相关传输函数就是基于此所建立的一种数学模型，它为声音定位提供了运算方法，描述声波从声源传播到耳道时的转换原理和过程。该算法的运用考虑了人头部和耳朵的形状，以模拟声波进入耳道时被过滤和修改的方式。通过将不同的头部相关传递函数应用于来自不同方向和位置的声音，VR系统可以营造出声音来自空间特定位置的感觉。

9.3.4　立体显示和传感器技术

除了三维虚拟声音技术，虚拟现实的交互能力还依赖于立体显示和传感器技术的发展，这两者对增强用户在虚拟现实环境中的沉浸感和真实感也起着至关重要的作用。

1. 立体显示技术

立体显示技术就是利用一系列光学方法使人的左右眼产生视差，从而在同一场景观看到两幅略有不同的影像，在大脑中形成立体效果的技术。现阶段主要的立体显示设备是头显，因此，与虚拟现实密切相关的立体显示技术是头显显示技术。头显显示技术采用了特殊的透镜设计，让影像透过棱镜反射之后，进入人的双眼并在视网膜中成像，使用户能够有更广阔的视野，营造出在近距离看超大屏幕的效果。图9-24所示为头显的左右眼视角。

▲ 图9-24 头显的左右眼视角

自带屏幕的外接式头显和一体式头显，通常拥有两个显示屏，每个显示屏对一只眼睛，两个显示屏由计算机分别驱动显示不同的内容，这样向两只眼睛提供不同图像就形成了双眼视差效应，再通过人的大脑将两幅图像融合以获得深度感知，从而得到立体效果。

对于移动端头显，它通常没有内置显示屏，需要嵌入手机显示内容，而手机屏幕只有一个，为了得到立体效果，一般是将手机屏幕分屏，屏幕左右的图像同步且各自独立显示左右眼的图像，然后用户通过移动端头显的两个镜片观看以获得立体效果。

2. 传感器技术

传感器作为信息获取的重要手段，与通信技术和计算机技术共同构成信息技术的三大支柱。传感器是指借助检测元件将一种形式的信息转换成另一种形式的信息的器件或装置。目前，传感器转换后的信号大多为电信号，因此，狭义上讲，传感器一般是指将环境感知的非电信号（被测量）转换为电信号（电量）输出的器件或装置。在虚拟现实中，传感器通常被集成到头显、VR手柄、数据手套等设备中，主要用于检测人体动作或将环境变化信息反馈给用户等。

（1）传感器的类型

传感器的种类非常多，用于虚拟现实中的传感器主要有磁感应传感器、加速度传感器、角速度传感器、光敏传感器、力觉传感器。

- 磁感应传感器。磁感应传感器也叫磁力计，是用于测试磁场强度和方向的一类传感器，可以测量出当前设备与东南西北4个方向上的夹角，以确定设备的方位。磁力计常被集成到加速度传感器中。
- 加速度传感器。加速度传感器也叫加速计，可通过测量物体在加速过程中作用在物体上的力，测量物体加速度。通过测量物体加速度，可以计算和分析物体相对于水平面的倾斜角度和移动的方式等。

- 角速度传感器。角速度传感器也叫陀螺仪，任何物体只要能以其重心为支点，受力后仍能保持稳定的自身旋转状态，则可称为陀螺，人们利用陀螺的力学性质所制成的具有各种功能的陀螺装置称为陀螺仪。它的工作原理是测量三维坐标系内陀螺转子的垂直轴与设备之间的夹角，并计算角速度，根据夹角和角速度来判别物体在三维空间的运动状态。加速度计和陀螺仪都属于惯性传感器，是根据惯性原理实现的，两者组合可以构成基本的惯性测量单元，常用于获取人体动作信息。

- 光敏传感器。光敏传感器是对外界光信号或光辐射有响应或转换功能的一类传感器，可用于测量物体运动状态。例如，用户穿戴内置光敏传感器的设备，外部设备（如摄像头）发射光线，光敏传感器接收光线，通过测算发射和接收的时间、传输距离，计算与分析用户的运动状态。

- 力觉传感器。力觉传感器通过检测弹性体变形来间接测量所受力。力觉传感器要求能反馈力的大小和方向，其应用原理是计算机通过力反馈系统对用户的手、腕、臂等产生阻力，从而使用户感受到作用力的大小和方向，使用户产生触觉感和力反馈感。

（2）传感器的主要技术指标

传感器的技术指标分为静态指标和动态指标，其中静态指标主要考察传感器在静止不变条件下的性能，动态指标主要考察传感器在快速变化条件下的性能。由于传感器种类繁多，使用要求千差万别，因此很难列出全面衡量传感器质量优劣的统一指标。一般选择若干重要的技术指标来作为检验、使用和评价传感器的依据。传感器的主要技术指标有分辨力、灵敏度、重复性、稳定性、采样频率、动态范围。

- 分辨力。当传感器的输入增量从非零值缓慢增加时，在超过某一输入增量后输出发生可观测的变化量，这个输入增量就称作传感器的分辨力，即最小输入增量。分辨力是传感器的基本指标，它表示传感器能够检测出的被测量的最小变化量，体现了传感器的分辨能力。传感器的其他技术指标都是以分辨力作为最小单位来描述的。

- 灵敏度。灵敏度是传感器静态特性的一个重要指标，用输出量的增量与引起该增量相应输入量的增量之比表示。

- 重复性。传感器的重复性也称重复误差、再现误差，是指在同一条件下、对同一被测量沿着同一方向进行多次重复测量时，测量结果之间的差异程度，差异程度越小，重复性越好。

- 稳定性。稳定性是指传感器在一段时间内保持其性能的能力，也是考察传感器在一定时间范围内能否稳定工作的主要指标。导致传感器不稳定的因素，主要包括温度漂移和内部应力释放。因此，增加温度补偿、时效处理等措施，能够提高传感器的稳定性。

- 采样频率。采样频率是指传感器在单位时间内可以采样测量结果的多少，如传感器的采样频率为50Hz，也就是说每秒能测量50次。采样频率能够反映传感器的反应能力，是重要的动态特性指标。随着采样频率的不同，传感器的精度指标也相应有所变化。一般情况下，采样频率越高，测量精度越低，也就是说传感器给出的最高精度往往是在最低采样速度下甚至是在静态条件下得到的测量结果。

- 动态范围。动态范围即可测量的量程，是指灵敏度随幅值的变化量不超出给定误差的幅值范围。如果被测量超出传感器的测量范围，那么就不能测出正确的测量值了。

传感器的选择取决于虚拟现实应用的工作需要和应用特点，一般要求传感器重量轻、体积小、安装方便、精度高、重复性好、稳定性和可靠性好、抗外界干扰能力较强、具有较强的适应性、易于维护和使用寿命长。

9.3.5　系统集成技术

系统集成是根据应用需求，优选各种技术和产品，将各个分离的子系统有机地组合成彼此协调工作的一个完整可靠、功能强大的新型系统的过程和方法。它包括硬件系统集成和应用系统集成。

虚拟现实的硬件系统集成由以高性能计算机为核心的数据处理系统，以头显为核心的视觉系统，以数据手套、数据衣等交互设备为主体信息反馈系统等系统构成。它们之间通过结构化的综合布线和计算机网络技术，将各个分离的设备集成到相互关联的、统一和协调的系统之中，使资源充分共享，实现集中、高效、便利的管理。

应用系统集成是系统集成的核心，它以系统的高度为用户需求提供应用的具体技术解决方案和运作方案，即为用户提供一个全面的系统应用解决方案。虚拟现实的应用系统集成离不开虚拟现实引擎的支持。虚拟现实引擎是一个软件系统，它将各种媒体信息如文字、声音、模型等组织起来，形成完整的具有交互功能的虚拟世界，为虚拟现实技术的系统应用提供了解决方案，即它使具有交互功能的虚拟世界运转起来，主要完成虚拟世界中对象的三维建模和管理、三维虚拟声音的生成、三维场景的实时绘制、虚拟世界数据库的建立与管理等操作。目前，国外主流的虚拟现实引擎产品有Unreal Engine 4（简称UE4）、Unity 3D、CryEngine3等，国内知名的虚拟现实引擎产品当属中视典数字科技有限公司的VR-Platform（简称VRP）。

9.4 虚拟现实技术的应用

虚拟现实技术具有很强的应用性，它在沉浸式影视娱乐、沉浸式教育培训、虚拟旅游、虚拟医疗、虚拟军事、虚拟航空航天等领域都发挥了重要作用。

9.4.1 沉浸式影视娱乐

因操作方便简单，且目标用户数量大，所以影视娱乐是虚拟现实技术应用最广泛的领域之一，其中又以观看电影和玩游戏为主要应用场景。

1. 观看电影

从露天观影到家庭电视机观影、从传统电影院观影到VR观影（见图9-25），人们的观影方式逐渐变得丰富多样。

VR观影使用户不仅可以观看到立体效果的电影，更可以实现360°的全景观影。用户戴上头显，转动头部可以观看电影场景的每个角落，在同一部电影的同一时刻每个用户可以看到不同的视角，这能使用户融入电影情节，体验到身临其境的感觉。

随着VR技术的不断进步，VR电影院（见图9-26）成为观众观影的一个新场所。用户在使用VR头显看电影时，VR电影院的多角度旋转座椅可为用户提供更丰富的交互功能，增强用户的沉浸感，从而让用户获得极佳的VR观影体验。

▲ 图9-25　VR观影

▲ 图9-26　VR电影院观影

不仅是电影，虚拟现实技术也可应用于观看体育赛事直播、演出的回放视频。

技术讲堂　　VR观影与佩戴3D眼镜观看3D电影有所不同，区别在于VR观影更注重用户的体验与交互。VR观影是指利用计算机为用户提供一个具有真实感的、交互式的虚拟三维空间，通过头显为用户形成密闭的虚拟现实体验空间，让用户根据头显内的影像全方位感受虚拟场景，同时用户可以通过思维和头部、肢体动作的改变，自行想象出不同的画面和内容。3D电影虽然也可以有逼真的视觉效果，但不是让用户自行想象观影画面，而是随着屏幕内影像的移动来改变空间、场景，以此产生身临其境的效果。

2. 玩游戏

游戏是VR技术最为人熟知、最深入的应用领域之一。虽然VR游戏与传统的3D游戏的开发流程相似，但两者有明显区别。一是观察方式不同，3D游戏的内容呈现在一个尺寸固定的屏幕上，玩家通过屏幕画面进行操作、观察游戏世界，屏幕画面决定了玩家看到的游戏内容；而在VR游戏中没有屏幕，玩家在虚拟世界里通过双眼直接观察游戏世界，交互性、真实感和沉浸感更强。二是操作方式不同，玩家可以使用传统的鼠标、键盘或触摸屏操作3D游戏，但操作VR游戏的普遍方式是搭配头显和VR手柄，如图9-27所示。此外，还可搭配头显和VR跑步机操作游戏，如图9-28所示，这种方式体验更好，也可减少眩晕感，但成本更高。

▲ 图9-27　搭配头显和VR手柄操作VR游戏

▲ 图9-28　搭配头显和VR跑步机操作游戏

9.4.2　沉浸式教育培训

虚拟现实技术在教育培训领域有着广泛的应用，它为学习者营造了自主学习的环境，使传统的"以教促学"的学习方式，转换为学习者通过自身与信息环境的相互作用来得到知识、技能的新型学习方式。图9-29所示为学生穿戴头显自主学习的场景。

▲ 图9-29 学生穿戴头显自主学习的场景

虚拟现实技术一方面能够为学习者提供生动、逼真的虚拟学习环境，如构造人体模型、化合物分子结构、太空场景等，在广泛的学习领域提供无限的虚拟体验，从而加速和巩固学习者学习知识的过程，因为亲身经历与感受比抽象的说教更具说服力。

另一方面，虚拟现实技术能够帮助建立虚拟实验实训基地，为学生提供更好的实验实训环境和条件。这种方式具有以下优势。

• 节省成本。虚拟实验实训基地以及实验仪器、实验材料、机械设备等对象是虚拟的，不怕遭到物质上的破坏，可以反复使用，这在保证教学效果的前提下，极大地节省了成本。

• 教学内容与新兴技术匹配。该方式可以根据教学需求随时生成新的高科技设备，使教学内容不断更新，也使实验实训设备及时跟上技术的发展。同时，虚拟现实的沉浸性和交互性，使学习者能够全身心地投入实验实训中，有利于提高学生的实践技能。

• 规避实验实训风险。真实的实验实训操作存在安全隐患，如部分化学实验、机械设备操作等往往存在一定的危险性，在虚拟环境中进行实验实训操作，可以有效规避风险。

• 打破空间、时间、物质条件的限制。虚拟现实技术可以打破空间、时间、物质条件的限制，不管是宇宙天体，还是汽车飞机甚至原子粒子，学生都可以在虚拟环境中进行观察。

9.4.3　虚拟旅游

在现代社会，旅游是人们重要的娱乐方式，也是人们了解历史文化的一种途径。而VR技术的发展与应用为人们的旅游带来了全新的方式，既方便了人们的出行，也使得人们能够轻松探索向往之地。

　　VR旅游以现实的景区为基础，通过全景拍摄制作，将景区的美丽风光真实还原至虚拟空间内，并且提供导览功能，将景区错综复杂的路线和大小景点进行分组导航，再嵌入导览地图中。游客可在里面快速找到自己想要观看的景点，并且能够看到相应的行走路线，通过头显、VR手柄控制视角，可以从第一视角全方位、多角度地欣赏景区美景，感受鸟儿、蝴蝶在自己身边飞舞，听到流水的声音，足不出户便可开启身临其境的奇幻旅程。图9-30所示为四川九寨沟镜海360°观景效果展示。

▲ 图9-30　四川九寨沟镜海360°观景效果展示

9.4.4　虚拟医疗

　　从20世纪90年代末开始，虚拟现实技术就被用于医疗康复领域，治疗患有特殊疾病的病人，如创伤后应激障碍、强迫症、恐惧症等。方法是利用虚拟现实技术，让病人暴露在虚拟的某种刺激性情境中，使其产生耐受性和适应性。图9-31所示为虚拟现实医疗康复应用场景。

　　随着虚拟现实技术的发展，虚拟现实技术不只应用于医疗康复领域，还被应用于医学仿真教学和手术模拟训练等领域。

　　● 医学仿真教学。利用虚拟现实技术对医护人员进行临床知识讲授和技能培训，是一种经济、安全且高效的教学手段。与传统的图文和视频学习方法相比，医学仿真教学可以让医护人员在具有沉浸性和真实性的环境中接受手术、技术、设备和与患者互动的培训。

● 手术模拟训练。虚拟现实技术可以创建虚拟手术室，搭建虚拟手术台，在虚拟环境中模拟出人体组织和器官，再借助触觉交互设备，可以让医护人员在其中进行模拟操作，如图9-32所示，甚至能让医护人员感受到手术刀切入人体肌肉组织、触碰到骨头的感觉，使其能更快地掌握手术要领。此外，主刀医生在手术前，也可以模拟建立病人身体的虚拟模型，在虚拟环境中进行手术预演，以提高真实手术的成功率。

▲ 图9-31　虚拟现实医疗康复应用场景

▲ 图9-32　虚拟现实手术模拟应用场景

9.4.5　虚拟军事

军事是虚拟现实技术最重要的应用领域之一，虚拟现实技术在发展初期就在军事作战系统中得到应用，并一直受到各国重视。它的具体应用包括模拟战场环境、士兵训练、战争演习、武器研发等。

● 模拟战场环境。根据作战设想，模拟真实的战场环境是虚拟现实技术在军事领域的初步应用，可以使相关人员充分了解作战环境，也可用于军事教学。

● 士兵训练。利用虚拟现实技术模拟出恶劣多变的战场受训环境，士兵通过携带定制的笔记本电脑、穿戴头显和动作捕捉设备，可在虚拟场景中真实地行走、奔跑、跳跃，练习射击、隐蔽等战术动作，如图9-33所示。同时，受训系统还可纠正士兵的错误动作、提示士兵在紧急情境中做出正确选择，以及评估士兵在虚拟现实环境中的伤情和实训的综合表现等，这些有利于提升士兵的作战素养。

▲ 图9-33　军事模拟训练

• 战争演习。真实的战场充满了不确定性，因此需要不断进行战争演习以做好充分准备。虚拟现实技术为战争演习提供了高效、经济、安全的手段，既保证多军种战场作战的真实性，又为作战人员提供了安全保障。同时，在虚拟战场上，士兵和指挥者可以超越现有条件，将想象中的概念、战斗操作、队形等模拟出来。

• 武器研发。虚拟现实技术可实现武器的数字化设计，在武器研发初期向作战人员提供体验服务，根据体验反馈随时修改武器设计，可缩短武器研发周期。

9.4.6 虚拟航空航天

虚拟现实技术在航空航天领域中具有重要意义，一定程度上虚拟现实技术的应用可以促进航空航天领域的发展。虚拟现实技术在航空航天领域的应用分为两类。一类是针对普通用户，通过头显和VR手柄等设备，用户可置身于逼真的虚拟环境中，以模拟飞行、太空探索和航天任务等，如图9-34所示。用户可以从

▲ 图9-34 虚拟现实飞行体验

飞行员或宇航员的视角，身临其境地体验飞行或探索太空的感觉。虚拟现实技术为普通用户提供了接近实际航空航天的体验，这种沉浸式体验充满趣味性，可以更好地向普通用户普及航空航天知识，增强用户对航空航天领域的兴趣，促进航空航天科普和推广活动的开展。

另一类是为航空航天领域内的专业人员提供支持，这是虚拟现实技术应用的"重头戏"。它可以改变传统的训练、设计和模拟方式，具体包括飞行员培训、航空航天工程设计和太空探索模拟等。

1. 飞行员培训

传统的飞行模拟器往往存在成本高、操作复杂、不易修改等问题，虚拟现实技术的发展为飞行员培训提供了新的方式。具体应用体现在以下几方面。

• 实战模拟。虚拟现实技术可以构建逼真的飞行环境，如图9-35所示，飞行员可以通过虚拟现实设备模拟各种飞行任务，包括起飞、降落等。这种实战模拟可以减少训练成本，帮助飞行员熟悉复杂的飞行线路和操作程序，

▲ 图9-35 虚拟现实飞行环境模拟

提高工作效率，减少事故风险。

- 协同训练。通过虚拟现实技术，多名飞行员可以在虚拟环境中进行协同训练，模拟复杂的空中交通场景，并进行组队飞行和飞机编队等操作，从而提高飞行员的沟通和协作能力。

- 紧急情况模拟。虚拟现实技术可以模拟各种紧急情况，如发动机故障、失速等。飞行员可以在虚拟环境中进行应急训练，以熟悉面对紧急情况时需采用的正确操作程序，提高应对紧急情况的反应速度和准确性。

2. 航空航天工程设计

将虚拟现实技术应用于航空航天工程设计可以提高航空航天器的设计效率、安全性、可靠性和适应性。具体应用体现在以下几方面。

- 提供更真实的虚拟环境。利用虚拟现实技术，设计工程师可以模拟各种环境条件，包括大气温度、气压、风速，以及太空环境下的真空度、辐射和微重力。虚拟环境可以帮助设计工程师更加直观地理解航空航天器在不同环境中的行为特征，并为设计提供直接的参考。

- 提供更真实的操作体验。在航空航天器的设计过程中，设计工程师需要进行各种复杂的操作和调试。虚拟现实技术可以将这些操作和调试等环节模拟到虚拟环境中，让设计工程师可以直接在虚拟环境中进行实际操作体验，加深对航空航天器性能的了解。

- 提供更方便的沟通和协作平台。在传统的设计过程中，设计工程师往往需要面对多方面的沟通和协作，包括与机械、电子、软件等不同专业领域的人员沟通和协作。而虚拟现实技术可以为设计工程师提供一个直观的沟通和协作平台，让不同专业领域的人员能够在虚拟环境中进行实时的沟通和协作。

3. 太空探索模拟

太空探索具有很大的危险和很高的成本，一场事故的发生不仅会造成人员和物资的巨大损失，还会影响国家的发展计划。因此，为保障太空探索的安全，科学技术人员需要进行大量的模拟和测试。虚拟现实技术为此提供了一个创新的解决方案。

- 太空漫游。虚拟现实技术可以为地面控制人员提供与宇航员一样的视角和体验，让他们能够在虚拟环境中进行太空漫游。这种虚拟体验可以提高地面控制人员对太空任务的理解程度和决策能力。

- 太空任务模拟。虚拟现实技术可以用于模拟各种太空任务，如舱外活动、卫星维修等。宇航员可以在虚拟环境中进行太空行走和任务操作，以提前适应太空环境和任务要求，熟悉任务流程和操作步骤，提高任务执行的效率和安全性。

VR观影实践体验

1. 实训背景

随着虚拟现实技术的发展和应用普及，VR产品的研发周期和成本持续降低，更多的用户用上了VR产品（以VR眼镜为主），其中VR观影是VR产品的普遍使用场景。一些视频网站开辟了单独的VR观影频道或开发了独立的VR播放器，为用户提供了便捷的VR观影渠道。本次实训将登录爱奇艺的VR频道并观看视频，然后下载爱奇艺VR App，通过VR眼镜盒和VR一体机观看视频，进行VR观影实践体验。

2. 实训目标

（1）体验虚拟现实技术在VR观影领域中的应用。

（2）进行VR观影的实际操作，探索VR眼镜盒产品和VR一体机产品的技术现状，以及需要改善的地方。

3. 任务实施

（1）观看VR视频

登录爱奇艺网站，进入VR频道，如图9-36所示，观看VR视频后，说出此类视频有何特点，并从真实感、沉浸感及画面质量和加载速度等方面说说你的观看体验。

▲ 图9-36　爱奇艺VR频道

（2）使用VR眼镜盒观看VR视频

在手机中下载安装爱奇艺VR App，其界面如图9-37所示，安装完成后，将手机放入VR眼镜盒中，使用VR手柄操作或使用VR设备自带的按键操作，播放VR视频（需注意，实际操作中需查看所使用的VR眼镜盒是否支持爱奇艺VR App，如果不支持请下载其他与VR眼镜盒相匹配的VR播放器）。

① 观看视频后，请说出自己的观影感受。

② 从真实感、沉浸感及画面质量和加载速度等方面，谈一谈你认为虚拟现实技术应用于VR眼镜盒时，有待改善的地方。

▲ 图9-37　爱奇艺VR App界面

（3）使用VR一体机观看VR视频

使用VR一体机下载安装爱奇艺VR App或其他VR播放器，完成后，通过VR播放器播放VR视频，也可以将VR视频上传到VR一体机观看。

① 观看视频后，请说出自己的观影感受。

② 从真实感、沉浸感及画面质量和加载速度等方面，谈一谈你认为虚拟现实技术应用于VR一体机时，有待改善的地方。

③ 通过对比使用VR眼镜盒和VR一体机的观影感受，谈一谈VR眼镜盒和VR一体机各自的优缺点。

 本章小结

虚拟现实技术是当前信息科技领域最热门的技术之一，它通过计算机技术构建高度逼真的三维虚拟世界，用户可以通过各种交互设备进入虚拟世界，并在虚拟环境中获得身临其境的感受。

1965年，伊万·萨瑟兰发表论文《终极显示》(*The Ultimate Display*)，提出利用头戴式设备构建一个逼真的三维虚拟世界，这篇文章被认为是虚拟现实技术研究的开端。之后，伊万·萨瑟兰在1968年主持设计和开发了计算机图形驱动的头戴式显示系统。然而，此时的头戴式显示系统只能显示一些简单的图像，不足以呈现一个复杂的虚拟世界。直到20世纪80年代末，虚拟现实技术才开始进入商业化阶段，但是受技术限制，这个阶段产品的体验效果不佳。直到2012年以后，随着计算机性能的提升和传感器技术的发展，虚拟现实技术才取得突破性的发展，获得更广泛的商业应用，以头戴式显示系统为代表的各类虚拟现实产品不断涌现，逐渐被普通大众所熟知。从VR眼镜盒到外接式头显，再到VR一体机，如今，集成显示、计算、交互功能的VR一体机已成为目前国内市场很流行的VR产品。

作为一项尖端科技，虚拟现实集成了许多学科的研究成果。其所涉及的关键技术包括三维建模技术、实时三维图形绘制技术、三维虚拟声音技术、立体显示和传感器技术、系统集成技术等。这些技术的发展推动了虚拟现实技术的发展，使其在沉浸式影视娱乐、沉浸式教育培训、虚拟旅游、虚拟医疗、虚拟军事、虚拟航空航天等领域得到不同程度的应用。总之，虚拟现实技术未来的发展前景广阔，但仍需攻克一些尚未解决的技术障碍。

⚙ 课后习题

1. 单项选择题

（1）用户可以直接观察、检测周围环境及事物的内在变化，并且当用户进行某种操作时，周围的环境也会做出某种反应，体现了虚拟现实的（　　）特征。

    A. 沉浸性　　　　B. 交互性　　　　C. 想象性　　　　D. 多感知性

（2）"虚拟现实"的概念产生于（　　）。

    A. 20世纪50年代　　　　　　B. 20世纪60年代

    C. 20世纪70年代　　　　　　D. 20世纪80年代

（3）头戴式显示器属于（　　）设备。

    A. 三维建模设备　　　　　　B. 立体显示设备

    C. 听觉感知　　　　　　　　D. 触觉感知

（4）生成三维虚拟声音的关键技术是（　　）。

　　A. 声音定位技术　　　　　　　　B. 语音合成技术

　　C. 音频数字化技术　　　　　　　D. 语音识别技术

（5）头戴式显示器立体显示技术运用了（　　）。

　　A. 双眼视差效应　　　　　　　　B. 头部相关传递函数

　　C. 视觉暂留现象　　　　　　　　D. 余晖效应

2. 多项选择题

（1）头戴式显示器分为（　　）。

　　A. 3D眼镜　　　　　　　　　　　B. 移动端头显

　　C. 外接式头显　　　　　　　　　D. VR一体机

（2）惯性传感器包括（　　）。

　　A. 磁感应传感器　　　　　　　　B. 加速度传感器

　　C. 角速度传感器　　　　　　　　D. 光敏传感器

3. 思考练习题

（1）根据你的了解和理解，说一说虚拟现实技术的发展趋势。

（2）虚拟现实的硬件系统集成包括哪些构成系统？

（3）虚拟现实有哪些常见的交互设备，各自的作用是什么？

（4）虚拟现实有哪些关键技术，各自的作用是什么？

（5）简述虚拟现实的应用领域和主要使用场景。

10

第10章 数字出版与数字 媒体资源管理

计算机技术与数字媒体技术的发展为数字出版行业的崛起奠定了基础。作为传统出版技术和计算机技术结合的产物，数字出版通过数字媒体技术编辑加工数字内容，通过网络传播数字内容，覆盖面广、传播迅速，是出版行业发展的趋势。而在数字化时代，进行数字媒体资源管理是提高数字媒体内容生产、应用效率的有效手段。

Digital Media Technology Introduction

—— 学习目标

1. 掌握数字出版的概念与特征、优势，以及与传统出版的关系。
2. 掌握数字媒体资源管理的概念与措施。
3. 掌握数字媒体版权保护的概念与基本方案。

—— 素养目标

1. 树立版权保护意识，通过技术、软硬件等手段保护数字媒体作品版权。
2. 避免侵权行为，杜绝未经作者许可，歪曲、篡改、剽窃、复制、发表其作品，以及制作、出售假冒他人署名的作品等行为。

—— 思维导图

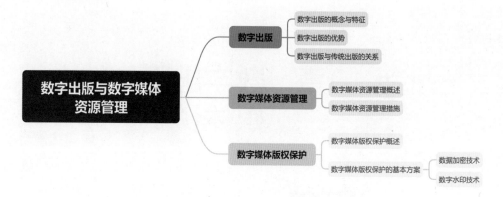

10.1 数字出版

数字出版在全球范围内的兴起源于20世纪90年代互联网的快速崛起，在相关技术的推动下，数字出版在21世纪迎来了快速发展的时期，并迅速成为数字内容产业的重要组成部分，是出版行业的重要趋势之一。

10.1.1 数字出版的概念与特征

数字出版建立在计算机技术、数字媒体技术、网络技术、流媒体技术等基础之上，是融合传统出版技术而发展起来的。数字出版是利用数字媒体技术进行数字内容的编辑加工，并通过网络传播数字内容的一种新型出版方式，它主要具有以下特征。

- 内容生产数字化。内容生产数字化是指数字出版产品（数字出版物）的内容生产方式数字化，即产品内容的所有信息都以二进制的形式存储。

- 产品形态数字化。产品形态数字化是内容生产数字化的必然结果，也是传播渠道网络化的前提。数字出版产品的形态十分多样，包括数字图书、数字报纸、数字期刊、数字音乐、有声读物、数字视频、网络动漫、网络游戏等。用户可通过计算机、平板电脑、手机等电子设备阅读产品内容，这些设备可以将以二进制形式存储的数字内容转换成便于人们识别和理解的文字、符号、图形、图像、音频、视频等信息。

- 传播渠道网络化。传统的出版产品一般要经过仓储、分拣、包装、交通运输等流程才能实现产品的传播；而数字出版产品以数字形式存储，通过网络实现传播，其传播途径主要包括互联网、移动通信网和卫星网络等，并为用户提供在线阅读、下载、购买等服务。

- 管理过程数字化。管理过程数字化是指数字出版使用数字化的信息管理系统，把各个出版项目中各个方面的信息及时进行整理、规制、存档并动态更新，从而让管理者随时随地协调和控制各个出版项目的进程，确保产品的质量。

10.1.2 数字出版的优势

数字出版强调使用数字媒体技术编辑加工数字内容，通过网络传播数字内容，其优势包括更广泛的读者群体、更快的传播速度、更便捷的获取方式、更多元化的阅读体验、更低的出版成本和更环保的出版方式。

- 更广泛的读者群体。数字出版能够通过网络实现全球范围内的内容传播和销售，从而覆盖更广泛的用户群体。

- 更快的传播速度。数字出版以网络为传播途径，产品及内容的传播、分享速度远非传统的出版方式可比。

- 更便捷的获取方式。数字出版为用户提供了更便捷的产品获取方式，使用户可以通过网络直接下载或在线阅读，随时随地获得所需的产品，给用户带来便利的阅读体验。

- 更多元化的阅读体验。数字出版可以为用户提供更多元化的阅读体验，如音频书、互动书、动画书等。

- 更低的出版成本。数字出版可以去除传统纸质出版物的印刷、装订、物流和仓储等环节，从而降低出版商的出版发行和管理成本。

- 更环保的出版方式。数字出版将书籍、杂志、报纸等出版物以数字形式生产、发布和传播，可以避免传统出版方式带来的浪费和污染。

10.1.3　数字出版与传统出版的关系

数字出版可以看作传统出版技术和计算机技术的结合，是传统出版在快速发展的高新技术影响下，原来的出版形式（如以纸、磁带、光盘为存储介质进行传播、销售）产生的变化。虽然数字媒体技术和新媒体平台的发展会对传统出版造成影响，使传统出版的生存空间被挤压，但不会让传统出版消亡，因为数字出版不足以完全替代传统出版，它只是分流了部分传统出版的受众。例如，虽然现在实体书店的销售量减少了，但是购物平台中纸质图书的销售量仍然可观。

此外，图书不仅能传递知识，也具有传达情感的功能。阅读纸质图书会带来一种充满情感的阅读体验，纸质图书不仅是一种精神产品的载体，更是一种对文化的传承。虽然人们在工作中经常要从网络上获取信息，但阅读纸质图书能更好地获取阅读乐趣。这种千百年传承下来的阅读文化是阅读器和手机给予不了的。

数字出版和传统出版各有长短，它们之间不是新生事物淘汰旧事物的关系，而是优势互补、融合发展的关系。如一些大型丛书、工具书等，用数字形式出版便于反复检索、查阅；而纸质出版更集中于可以反复使用、多次重印的教学用书，以及具备收藏价值的理论著作和文学艺术经典作品。事实上，数字出版和传统出版结合有很多的成功案例，例如《第一次的亲密接触》《明朝那些事儿》等，它们先通过网络发布和传播，获得广泛关注后出版为纸质图书并热销。

10.2 数字媒体资源管理

随着信息技术和互联网的发展，数字媒体在我们生活、工作中的作用日益凸显。然而，随着数字媒体数据量不断增大、种类不断增多，只有对数字媒体资源进行有效管理，我们才能更加快速地查询、检索和调用所需信息。

10.2.1 数字媒体资源管理概述

广义的数字媒体资源管理包括数字媒体信息内容管理，数字媒体涉及的软硬件的管理，以及数字媒体生产、运营等方法与技术的管理。狭义的数字媒体资源管理是指数字媒体信息内容管理。本节所指的数字媒体资源管理为狭义的数字媒体信息内容管理，即管理数字化的文字、图形、图像、音频、视频等信息内容。

数字媒体资源管理可以对各种数字媒体资源进行统一的规范化管理和控制，为海量数字媒体资源提供有效的保障，方便内容查询、检索与调用，提高工作效率，为数字媒体资源扩展新的应用领域，提高数字媒体资源使用价值。

10.2.2 数字媒体资源管理措施

科学合理的管理措施可以为信息内容数字化带来巨大的功效，提高数字资源管理的质量和效率。数字媒体资源的管理措施可分为以下几方面的内容。

• 资源分类管理。对于形式多样的数字媒体资源，可进行分类管理。首先可从类型、数据量大小、使用频率等角度对数字媒体资源进行分类，并且可以结合实际需求进行进一步的细分，如同一类型的资源（如图片）按照不同格式分类（如分为JPEG、PNG、TIF等）。然后按照分类体系归档数字媒体资源，以便于快速查询调用。此外，针对不同类型的资源可采取不同的管理方式，例如对音频、视频等大数据量的数字媒体资源进行压缩处理，以减少所占用的存储空间。

• 资源备份管理。为预防物理损坏、电子设备故障、恶意攻击等导致数字媒体资源丢失的情况发生，需备份重要的数字媒体资源。数字媒体资源的备份方式多样，可根据实际需求结合备份成本、可靠性做出决策。例如，可以使用大容量移动硬盘进行本地备份；硬盘容量无法满足需求时，可选择在线存储的方式实现备份，并且可通过付费扩大在线存储空间。

• 资源共享与协作管理。数字媒体资源的管理不仅要考虑资源的分类、备份，还需要考虑资源共享与协作的效率。当多人协作时，需要实现资源共享和协作的规范化操作，以防止发生资源的错误替换或误删除等情况。除了设置对应操作权限，还可以采用特定的软件工具进行在线协作，并结合在线存储、传输和远程办公等方式，提高数字资源共享与协作管理效率。

- 自动化管理。自动化管理是现代办公的重要内容，自动化管理不仅可以减轻管理者的负担，还可以保证管理的一致性和准确性。数字媒体资源的自动化管理可以采用特定的软件来进行，例如文件批量重命名、格式批量转换、文件数据恢复等软件。除了采用软件，还可以通过拓展硬件功能实现数字媒体资源的自动化管理，例如集成音频采集设备和数码相机等可录制设备，实现图像、音频或视频的自动采集，提高数字媒体生产效率和数据采集的准确性。

- 维护和保养。数字媒体资源的维护和保养除了不定时备份数据，还包括定期看护数字媒体资源的硬件环境。这不仅可以使硬件的寿命得到保障，也能够保证数字媒体资源的完整性和使用的稳定性。

10.3　数字媒体版权保护

数字媒体内容产业兴盛繁荣的同时，非法复制、使用等侵权行为也时有发生。因此，在数字化时代我们需要了解数字媒体版权保护的相关知识，保障创作者的合法权益。

10.3.1　数字媒体版权保护概述

版权也称为著作权，是一个作者因其创作了文学和艺术作品等，而依法对某一著作物享有的权利。版权是创作者进行原始创作之后取得的，因此除非进行转让，一般情况下版权是属于创作者的。

数字媒体版权保护在数字媒体作品的创造、生产、传播、销售、使用等整个生命周期内，管理和保护数字媒体作品的版权，确保数字媒体作品的合法占有、使用、传播和管理，明确未经作者同意，他人不得擅自使用、更改或出版数字媒体作品。简而言之，数字媒体版权保护以一定的方法实现对数字媒体作品的保护，它也是数字媒体资源管理的重要内容。

由于数字媒体技术的发展与普及应用，文字、图片、音频、视频、动画、游戏等数字媒体作品的传播和获取变得越来越容易，这就极大地增加了作品的侵权风险。如果没有严格的版权保护措施，导致作者遭到侵权、利益受损，那么作者创作和生产数字媒体内容的积极性会遭受打击，其创新动力会降低，进而使整个行业的创新动力也受到影响。因此，数字化时代的版权保护显得尤为重要。

10.3.2　数字媒体版权保护的基本方案

数字媒体版权保护不仅需要健全完善版权保护的法律法规，还需要制定版权保护的行业规范，增强版权保护的宣传教育，提高公众的版权保护意识。

此外，还可以采取数据加密、数字水印等技术手段保护版权，以形成全面的保护机制。

1. 数据加密技术

数据加密技术是一种主动的信息安全防御策略，它通过算法将信息数据变成一堆杂乱无章、难以理解的字符，即将明文变为密文（"明文"是指传输的原始信息，对信息进行加密后，明文则变为"密文"），从而阻止其他用户非法窃取信息。数据加密技术可分为对称加密技术与非对称加密技术。

- 对称加密技术。对称加密采用对称密码编辑技术，要求发送方和接收方使用相同的密钥（密钥是指完成明文与密文的转换需要用到的一组参数，可以是数字、字母或词语，如安装计算机系统时需要序列号；虽然它的本意与密码有差异，但理解时可将其与密码等同），即文件加密与解密要使用相同的密钥。采用这种方法进行信息加密，需要双方都知道这个密钥。它的特点是计算量小、加密速度快、加密效率高。

- 非对称加密技术。与对称加密技术使用相同的密钥进行加密和解密不同的是，非对称加密技术使用公开密钥（简称公钥）和私有密钥（简称私钥）来进行加密和解密。公钥是公开的，私钥则由用户自己保存。非对称加密比对称加密安全性更高，就算攻击者截获了传输的密文并得到了公钥也无法解密。但非对称加密需要的时间更长、速度更慢。登录界面的账户信息验证就应用了非对称加密技术，其中账户账号是公钥，账户密码是私钥。

在日常工作中，我们可通过相关软件进行文件加密操作，以实现数据保护的目的，这种方式一般属于对称加密，包括使用Windows自带功能加密、使用压缩工具压缩加密。

- 使用Windows自带功能加密。选择所需文件或文件夹，单击鼠标右键，在弹出的快捷菜单中选择【属性】命令，打开【属性】对话框，单击 高级(D)... 按钮，如图10-1所示，打开【高级属性】对话框，选中【加密内容以便保护数据】复选框，单击 确定 按钮，如图10-2所示。

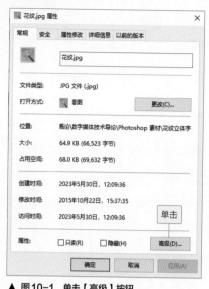

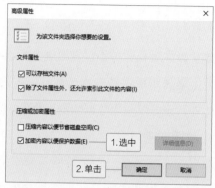

▲ 图10-1　单击【高级】按钮　　　　　▲ 图10-2　选中【加密内容以便保护数据】复选框

● 使用压缩工具加密压缩。使用压缩工具加密压缩即在压缩文件时添加密码。以360压缩为例，选择所需文件或文件夹，单击鼠标右键，在弹出的快捷菜单中选择【添加到压缩文件】命令，打开【您将创建一个压缩文件】对话框，单击【添加密码】超链接，打开【添加密码】对话框，依次在【输入密码】和【再次输入密码以确认】文本框中输入相同的密码，单击　确认　按钮，返回【您将创建一个压缩文件】对话框，单击 立即压缩 按钮，如图10-3所示。

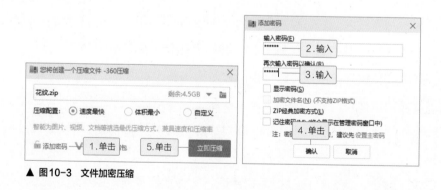

▲ 图10-3　文件加密压缩

除了上面两种加密文件的方法以外，还可使用其他的加密软件进行数据加密，操作方法大同小异，但部分软件需要付费使用。经过加密的文件，只有在输入正确的密码后才能顺利打开。

2. 数字水印技术

数字水印技术是指在不影响数字媒体作品使用价值的前提下，将一些标识信息直接嵌入数字媒体内容中，标识信息既可以是文本也可以是图片，如创作信息、品牌标识等。

数字水印技术解决的是如何在数字媒体作品中设置认证标记的问题，目的是确认版权所有者，鉴别非法复制和盗用的数字媒体作品。从数字媒体版权保护的角度来看，它并不能直接阻止非法复制、传播行为，而是通过验证数字媒体作品的所有权来防止或揭露非法复制、传播行为，从而起到版权保护的作用。

在日常工作中，我们可采用数字媒体编辑处理软件实现添加水印的操作，下面分别使用美图秀秀为图片添加水印和使用Premiere为视频添加水印。

（1）使用美图秀秀为图片添加水印

微课视频

美图秀秀自带文本模板，可减少设置水印时的操作。下面使用美图秀秀为"花纹.jpg"图片添加水印，具体操作如下。

① 启动美图秀秀，在其主界面选择【图片编辑】选项，如图10-4所示。

使用美图秀秀为图片添加水印

▲ 图10-4 选择【图片编辑】选项

② 打开【图片编辑】窗口，将素材"花纹.jpg"图片文件（配套资源：素材文件\第10章\花纹.jpg）拖曳至该窗口打开。

③ 在左侧工具栏中单击【文字】按钮⑪，此时工具栏右侧的【文本编辑】面板中显示了各种类型的文本模板，在其中单击【行业logo】栏中的第4个模板，将该模板插入图片中，单击模板中的文本框，在打开的对话框中输入"江河出品"，如图10-5所示。

④ 单击图片中的文本模板，在右侧面板的"不透明度"文本框中输入"60"，如图10-6所示，降低模板的透明度，减小将其作为水印时对原始信息内容的影响。

⑤ 保持文本模板的选中状态，将鼠标指针移到模板右下角的控制点上，拖曳控制点缩小模板，再将鼠标指针移到模板中央，按住鼠标左键并拖曳鼠标指针，将模板移动到图片左上角，效果如图10-7所示。

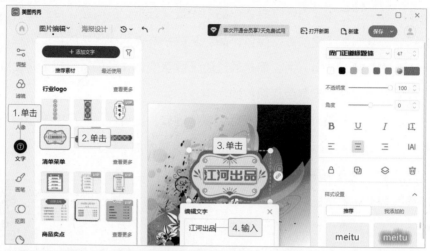

▲ 图10-5　在图片中插入文本模板并修改模板中的文本内容

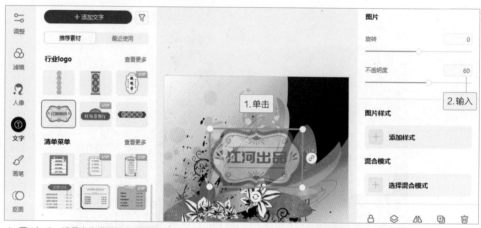

▲ 图10-6　设置文本模板的不透明度

▲ 图10-7　调整文本模板大小和位置后的效果

⑥ 在【图片编辑】窗口右上角单击 保存 按钮，打开【保存图片】对话框，在【保存路径】栏中设置保存位置，在【文件名称与格式】栏中设置文件名称为"花纹"，图片格式为"jpg"，单击 保存 按钮保存文件（配套资源：效果文件\第10章\花纹.jpg），

如图10-8所示。

▲ 图10-8 保存文件

（2）使用Premiere为视频添加水印

微课视频

使用Presiere为
视频添加水印

下面使用Premiere为"广告.mp4"视频添加图片水印，具体操作如下。

① 启动Premiere，新建项目，选择【文件】菜单中的【导入】命令，
打开【导入】对话框，选择素材文件（配套资源：素材文件\第10章\广
告.mp4、水印.png），单击 打开(O) 按钮导入文件。

② 将导入"项目"面板中的"广告.mp4"视频拖曳至"时间轴"面板，创建同名
序列，然后将"项目"面板中的"水印.png"图片文件拖曳至V2视频轨道，如图10-9
所示。

▲ 图10-9 将素材文件拖曳至"时间轴"面板

③ 在"V2"视频轨道中选择"水印.png"图片文件，将鼠标指针移至素材右端，当
其变为 形状时，拖曳鼠标指针将其显示时长调整为与视频时长一致，如图10-10所示。

▲ 图10-10　调整图片显示时长

④ 在"节目"面板中将视频起始时间定位至"00:00:00:09"，以便观察图片是否遮挡视频内容，然后双击选中图片，调整其大小和位置，效果如图10-11所示。选择【文件】菜单中【导出】子菜单中的【媒体】命令，在打开的【导出设置】对话框中设置文件格式、名称和保存位置，保存文件（配套资源：效果文件\第10章\广告.mp4）。

▲ 图10-11　调整图片的大小和位置后的效果

人才
素养　　我们每个人都要树立版权保护意识，不仅要通过技术手段和法律武器保护自己作品的版权，避免自身合法权益受损，还要避免侵权行为。侵权行为包括：未经作者许可，歪曲、篡改、剽窃、复制、发表其作品；未参加创作，在他人作品上署名；制作、出售假冒他人署名的作品；等等。

 课堂实训

数字媒体保护与管理实践

1. 实训背景

本次实训进行数字媒体保护与管理实践，包括亲身体验数字媒体文件转换与传输过程，掌握数字媒体保护和管理相关方法与技术的应用。

2. 实训目标

（1）熟练掌握为图片文件设置水印，压缩加密和分类保管、备份文件的操作。

（2）增强数字媒体版权保护意识。

3. 任务实施

本次实训不限于平面作品，也可以是其他类型的数字媒体作品，同时可通过查询资料，对比多款设置水印和加密的软件，筛选出操作便捷、适合自己的软件，以便在今后的学习和工作中实际运用。

（1）为自己设计的平面作品设置水印

使用美图秀秀或选择其他自己熟悉的图像编辑处理软件，为自己设计的平面作品设置水印，该水印可以是个人标识，如笔名等，注意水印不可影响原始信息内容的展示。

（2）加密压缩文件

使用压缩工具文件加密压缩设置水印后的平面作品，需保管好密码，防止泄露。

（3）文件在线存储备份

在计算机中设置文件夹专门保存自己设计的数字媒体作品，将加密后的文件存放至该文件夹中，然后将作品复制到移动硬盘或采用在线存储方式备份。

本章小结

数字出版是指将传统的出版物转化为数字形式，并通过网络进行传播、销售的出版方式。相比传统出版，数字出版具有更广泛的读者群体、更便捷的获取方式、更多元化的阅读体验、更低的出版成本等优势，其产品形态十分丰富，是数字媒体内容产业重要的组成部分。而在数字化时代，数字媒体内容产业兴盛繁荣的同时也带来了信息的泛滥，面对挑战，我们需要利用各种手段优化管理数字媒体内容，以提高查询、检索、调用数字媒体资源的效率，并保护数字媒体资源。

课后习题

1. 单项选择题

（1）产品内容以二进制数的形式存储是指数字出版的（　　）。

  A. 内容生产数字化   B. 产品形态数字化

  C. 传播渠道网络化   D. 管理过程数字化

（2）将一些标识信息直接嵌入数字媒体信息内容中，属于（　　）。

    A. 数字认证技术　　　　　　　　　　B. 数字识别技术

    C. 数据加密技术　　　　　　　　　　D. 数字水印技术

2. 多项选择题

（1）下列对数字出版描述正确的是（　　）。

    A. 数字出版是融合传统出版内容发展起来的

    B. 数字出版利用数字媒体技术进行数字内容的编辑加工

    C. 数字出版通过网络传播数字内容

    D. 数字出版是取代传统出版的一种新兴出版方式

（2）（　　）等是数字媒体资源管理常用的手段。

    A. 资源分类管理　　　　　　　　　　B. 资源备份管理

    C. 资源共享与协作管理　　　　　　　D. 自动化管理

3. 思考练习题

（1）数字出版有何特征？与传统出版相比，它有何优势？

（2）管理数字媒体资源有何意义？可通过哪些措施管理数字媒体资源？

（3）如何为图像文件批量添加水印？

（4）使用Photoshop制作一个图片类水印。

参考文献

［1］ 徐志兴. 浅析图形、图像、位图、矢量图[J]. 科技信息, 2009, 000(005).

［2］ 英海燕, 李翔. 计算机图形学的发展及应用[J]. 现代情报, 2004(1).

［3］ 刘永进. 中国计算机图形学研究进展[J]. 科技导报, 2016, 34(14).

［4］ 严庆, 谭野. 在融媒体时代深化民族团结进步教育[J]. 贵州民族研究, 2019, 040(003).

［5］ 董士海. 人机交互的进展及面临的挑战[J]. 计算机辅助设计与图形学学报, 2004, 16(1).

［6］ 黄玉飞. 动作捕捉技术在体育运动领域的发展现状[J]. 当代体育科技, 2017, 7(27).

［7］ 李良志. 虚拟现实技术及其应用探究[J]. 中国科技纵横, 2019(3).

［8］ 笪旻昊. 虚拟现实技术的应用研究[J]. 电脑迷, 2019, 01(01).

［9］ 汤朋, 张晖. 浅谈虚拟现实技术[J]. 求知导刊, 2019(03).

［10］ 孙立峰, 钟力, 李云浩, 等. 虚拟实景空间的实时漫游[J]. 中国图象图形学报, 1999(06).

［11］ 杨松吟. 融媒体背景下传统新闻媒体的发展之路[N]. 山西经济日报(多媒体数字版), 2021.

［12］ 刘园园. 颠覆人机交互脑机接口正走向现实[N]. 科技日报, 2018.

［13］ 林崇德, 杨治良, 黄希庭. 心理学大辞典[M]. 上海：上海教育出版社, 2003.

［14］ 宗绪锋, 韩殿元. 数字媒体技术基础[M]. 北京：清华大学出版社, 2018.

［15］ 许志强, 李海东, 梁劲松. 数字媒体技术导论[M]. 2版. 北京：中国铁道出版社, 2020.

［16］ 詹青龙, 肖爱华. 数字媒体技术导论[M]. 2版. 北京：清华大学出版社, 2023.

［17］ 姚敏. 数字图像处理[M]. 3版. 北京：机械工业出版社, 2017.

［18］ 张铭芮. 数字媒体导论[M]. 2版. 北京：人民邮电出版社, 2013.

［19］ 章洁. 数字媒体概论[M]. 北京：人民邮电出版社, 2018.

［20］ 严明. 数字媒体技术概论(融媒体版)[M]. 北京：清华大学出版社, 2023.

［21］ 罗琼, 杨微. 计算机科学导论[M]. 北京：北京邮电大学出版社, 2022.

［22］ 林学森. 机器学习观止：核心原理与实践[M]. 北京：清华大学出版社, 2021.

Digital Media Technology Introduction

［23］瞿中. 计算机科学导论[M]. 4版. 北京：清华大学出版社，2014.

［24］唐泽圣. 计算机图形学基础[M]. 北京：清华大学出版社，1995.

［25］孙家广. 计算机图形学[M]. 3版. 北京：清华大学出版社，1998.

［26］彭群生. 计算机真实感图形的算法基础[M]. 北京：科学出版社，1999.

［27］银红霞，杜四春，蔡立军. 计算机图形学[M]. 2版. 北京：中国水利水电出版社，2015.

［28］刘歆，刘玲慧. 数字媒体技术基础[M]. 北京：人民邮电出版社，2021.

［29］孟祥旭，李学庆. 人机交互技术：原理与应用[M]. 北京：清华大学出版社，2004.

［30］王寒. 虚拟现实：引领未来的人机交互革命[M]. 北京：机械工业出版社，2016.

［31］徐兆吉. 虚拟现实：开启现实与梦想之门[M]. 北京：人民邮电出版社，2016.